职业教育信息技术类系列教材

计算机组装与维修
第2版

主　编　王利民　张兴明

副主编　周冬斑　张效铭

参　编　王　勇　曹　融　吴　琼　王　新

　　　　倪旭斌　徐　宁　孙林美　范建农

主　审　邓颖莹

U0191377

机械工业出版社

本书采用项目引导、任务驱动的形式组织内容，具有较强的实用性与可操作性，以通俗易懂的语言向读者展现了计算机组装与维修实际项目的全过程。全书内容包括认识计算机及其组件、组装计算机硬件、BIOS基本设置、硬盘与硬盘分区、安装操作系统、驱动程序安装与常用外设、安装常用应用软件、优化计算机、硬件选购与性能测试、系统还原与批量安装、维护与维修基本方法以及主要设备常见故障及处理。

为了方便教学，本书提供教学用电子课件，需要者可在www.cmpedu.com注册、登录后免费下载，或联系编辑（010-88379934）索取。

本书可作为各类职业学校计算机及相关专业的教材，也可作为相关行业岗位培训用书或相关工程技术人员的参考用书。

图书在版编目（CIP）数据

计算机组装与维修/王利民，张兴明主编．—2版．—北京：机械工业出版社，2017.2
（2023.8重印）
职业教育信息技术类系列教材
ISBN 978-7-111-55896-5

Ⅰ．①计…　Ⅱ．①王…　②张…　Ⅲ．①电子计算机—组装—中等专业学校—教材
②电子计算机—维修—中等专业学校—教材　Ⅳ．①TP30

中国版本图书馆CIP数据核字（2017）第000650号

机械工业出版社（北京市百万庄大街22号　邮政编码100037）

策划编辑：梁　伟　　责任编辑：李绍坤
版式设计：鞠　杨　　责任校对：马立婷
封面设计：鞠　杨　　责任印制：常天培

固安县铭成印刷有限公司印刷

2023年8月第2版第6次印刷

184mm×260mm·12.5印张·301千字

标准书号：ISBN 978-7-111-55896-5

定价：39.80元

电话服务　　　　　　　　网络服务

客服电话：010-88361066　机　工　官　网：www.cmpbook.com
　　　　　010-88379833　机　工　官　博：weibo.com/cmp1952
　　　　　010-68326294　金　书　网：www.golden-book.com
封底无防伪标均为盗版　机工教育服务网：www.cmpedu.com

第2版前言

近几年来，随着我国经济的高速发展，国内的职业教育事业得到了迅速发展。针对我国职业教育的培养目标，为了满足当今社会对计算机技能紧缺型人才的需求，编者本着以就业为导向，以能力为本位的指导思想，编写了本书。

本书具有较强的实用性与可操作性，采用项目引导、任务驱动的形式组织内容，以通俗易懂的语言向读者展现了计算机组装与维修实际项目的全过程。本书基于理实一体化的理念编写，所选择的项目均来源于计算机装机市场及维修市场的工作实际，具有实用价值。项目介绍由浅入深、循序渐进，将计算机硬件、软件知识及维修方法融于实战之中，符合学生的认知规律和技能训练的特点，可以充分调动学生的学习积极性与创造性。本书模拟计算机组装与维修市场的实际操作流程，由简单到复杂递进式地组织教学，共12个项目，包括：认识计算机及其组件、组装计算机硬件、BIOS基本设置、硬盘与硬盘分区、安装操作系统、驱动程序安装与常用外设、安装常用应用软件、优化计算机、硬件选购与性能测试、系统还原与批量安装、维护与维修基本方法以及主要设备常见故障及处理。本书将理论知识融入12个具体项目中，既动手又动脑，将理论与实践有机地结合在一起，可充分发挥学生的主体作用。

本书建议学时76学时，各校可根据实际情况进行调整。

序　号	项目名称	学　时	序　号	项目名称	学　时
项目1	认识计算机及其组件	6	项目8	优化计算机	4
项目2	组装计算机硬件	10	项目9	硬件选购与性能测试	6
项目3	BIOS基本设置	6	项目10	系统还原与批量安装	6
项目4	硬盘与硬盘分区	8	项目11	维护与维修基本方法	4
项目5	安装操作系统	8	项目12	主要设备常见故障及处理	6
项目6	驱动程序安装与常用外设	4		机动	4
项目7	安装常用应用软件	4		总　计	76

本书由浙江省嘉兴市建筑工业学校王利民和张兴明任主编，浙江省嘉兴市建筑工业学校周冬斑和张效铭任副主编，参与编写的还有浙江省平湖市职业中等专业学校王新，浙江省嘉兴技师学院王勇、曹融、吴琼，浙江省嘉兴市建筑工业学校倪旭斌、徐宁、孙林美，浙江省桐乡市高级中学范建农。其中，范建农、王勇编写了项目1，周冬斑编写了项目2，周冬斑、张兴明编写了项目3，曹融、张兴明编写了项目4，王新编写了项目5，吴琼编写了项目6，王新、张兴明编写了项目7，王利民编写了项目8与项目12，倪旭斌、张效铭编写了项目9，徐宁、张效铭编写了项目10，孙林美编写了项目11。本书由浙江省嘉兴市教育研究院计算机教研员、高级教师邓颖莹老师悉心审阅，在此表示衷心的感谢。

由于编者水平有限，书中不妥之处在所难免，恳请读者与专家批评指正。

编　者

第1版前言

本书具有较强的实用性与可操作性，教材以任务驱动教学方法编写，采用项目的形式进行组织，以通俗易懂的语言向读者展现计算机组装与维修实际项目的全过程。本书大部分章节采用了项目教学的方式组织内容，所选择的项目均来源于计算机装机市场及维修市场的工作实际，具有实用价值。项目介绍由浅入深、循序渐进，将计算机硬件、软件知识及维修方法融于实战之中，符合学生的认知规律和技能训练的特点，可以充分调动学生的学习积极性与创造性。本书基本上模拟计算机组装与维修市场实际操作流程，由简单到复杂递进式地组织教学，依次分为：认识计算机组件、组装计算机硬件、BIOS基本设置、硬盘与硬盘分区、安装操作系统、驱动程序的安装与常用外设、安装常用应用软件、使计算机最优化、硬件选购与性能测试、批量安装与系统复原、维护与维修基本方法，以及主要设备常见故障及处理等，既动手又动脑，将理论与实践有机地结合在一起，可充分发挥学生的主体作用。

全书共分12章，总学时为72学时，教学形式由课堂讲授、项目实施与学生实训3部分组成，原则上讲授与实训的学时按1:1安排，各校可根据实际情况对总学时数进行适当调整。

序　号	章节名称	理论学时	实训学时	机　动	小　计
第1章	认识计算机组件	3	3		6
第2章	组装计算机硬件	4	6		10
第3章	BIOS基本设置	4	3		7
第4章	硬盘与硬盘分区	4	4		8
第5章	安装操作系统	2	4	2	8
第6章	驱动程序的安装与常用外设	2	2		4
第7章	安装常用应用软件	2	2		4
第8章	使计算机最优化	2	2		4
第9章	硬件选购与性能测试	2	3		5
第10章	批量安装与系统复原	2	4		6
第11章	维护与维修基本方法	2	2		4
第12章	主要设备常见故障及处理	4		2	6
总　计		33	35	4	72

本书由浙江省嘉兴市建筑工业学校张兴明主编，参与编写的还有浙江科技工程学校曹融、浙江省嘉兴市高级技工学校王勇、浙江省嘉兴市建筑工业学校冯军、赵建忠、郑强胜、孙林美。其中，王勇编写第1章，赵建忠编写第2、11章，郑强胜编写第3、8章，曹融编写第4章，冯军编写第5、7章，孙林美编写第6、9章，张兴明编写第10、12章。本书由浙江省嘉兴市教育研究院职教计算机教研员、高级教师柏恒老师悉心审阅，在此表示衷心的感谢。

由于编者水平有限，书中不妥之处在所难免，恳请读者与专家批评指正。

编　者

目　录

项目1　认识计算机及其组件

学习目标

1）掌握计算机硬件系统、软件系统的基本组成。

2）了解计算机的产生及发展过程。

3）认识计算机的组件，了解各组件的功能。

4）理解计算机电源的作用、分类及性能指标。

5）了解键盘与鼠标的基本原理，掌握其分类及选购要点。

任务1　认识计算机系统组成

 任务描述

观察、分析、记录计算机硬件系统和软件系统的具体内容，掌握硬件系统和软件系统的组成。

 **任务分析**

通过本任务的学习读者要了解什么是硬件系统、软件系统及其各自的组成，为后面的学习做好铺垫。

 知识准备

一个完整的计算机系统包括硬件系统和软件系统两大部分。硬件系统是计算机的物质基础，是看得见、摸得着的实体，是各种物理部件的集合。软件系统是计算机的头脑和灵魂，是为了运行、管理、维护计算机所编写的各种程序及有关文档的集合。硬件系统和软件系统构成一个有机的整体，硬件为软件提供了用武之地，软件则使硬件的功能得到充分发挥，两者之间相辅相成，缺一不可。计算机系统组成如图1-1所示。

1. 硬件系统

外观上，计算机硬件主要由主机、显示器、键盘、鼠标等部件构成；逻辑功能上，计算机硬件由控制器、运算器、存储器、输入设备、输出设备五个部分构成。

（1）中央处理器

中央处理器（Central Processing Unit，CPU）是计算机硬件系统的核心部件，由控制器和运算器构成。控制器是计算机的指挥中心，负责协调和指挥整个系统的运行。运算器是计算机的数据运算部件，负责对各种信息的处理工作。

（2）存储器

存储器是计算机的记忆部件，相当于人的大脑，用来储存各种程序、数据等信息。存储器通常分为内存储器和外存储器两种。

内存储器简称内存或主存，是CPU可以直接访问的存储器，是连接CPU与外部设备的桥梁，主要用来存放正在运行的程序和等待处理的数据。内存储可分为只读存储器（Read Only Memory，ROM）和随机存取存储器（Random Access Memory，RAM），通常人们所说的内存指的是随机存取存储器。内存储器的特点是容量小、访问速度快、价格贵。

外存储器简称外存或辅存，用于扩充内存的容量和储存暂时不使用或需要长期保存的信息。由于CPU不能直接访问外存储器，因此存放在外存中的程序或数据必须先调入内存才能运行。外存储器的特点是容量大、速度慢、价格便宜。目前常用的外存储器有硬盘、光盘及U盘等。

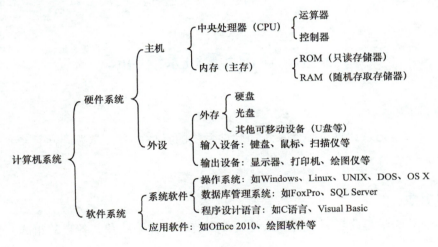

图1-1　计算机系统组成

（3）输入设备

输入设备是计算机从外部获取信息的设备，它接受用户的程序和数据，并转换成二进制代码送入计算机的内存中存储起来，供计算机运行时使用。常见的输入设备有键盘、鼠标、扫描仪等。

（4）输出设备

输出设备就是把经过计算机处理过的数据，以人们能够识别的形式传送到外部的设备。常见的输出设备有显示器、打印机、绘图仪等。

2. 软件系统

20世纪50年代以前人们普遍认为软件就是程序，其实这并不完整。确切地说，软件是指在计算机硬件设备上运行的所有程序、数据及其相关文档的总称。只具有硬件系统的计算机称为"裸机"，在"裸机"上只能运行机器语言源程序，要想充分发挥计算机的功能，就必须为计算机配备相应的软件。计算机软件系统一般分为系统软件和应用软件。

（1）系统软件

系统软件是指用于计算机内部的管理、控制、维护、运行以及计算机程序的编译、编辑、控制和运行的各种软件，是计算机系统所必需的软件。常见的有操作系统、程序设计语言、数据库管理系统等。

（2）应用软件

应用软件是指专门为解决某一实际应用问题而编写的计算机程序。由各种应用软件包和面向问题的各种应用程序组成。如文字处理软件Word、图形处理软件Photoshop等。

 任务实施

1. 操作内容

识别计算机系统的相关组成，并记录相应名称。

2. 操作记录

请将所使用的计算机相关信息填入表1-1中。

表1-1　计算机系统组成

序　号	计算机硬件系统		序　号	计算机软件系统	
1	输入设备		4	操作系统1	
			5	操作系统2	
2	输出设备		6	应用程序1	
			7	应用程序2	
3	外存设备		8	应用程序3	
			9	应用程序4	

 知识链接

1. 计算机的产生

1946年2月14日，世界上第一台电子数字积分计算机ENIAC（埃尼阿克）在美国宾夕法尼亚大学诞生。ENIAC采用电子管为基本元件、真正能自动运行。它使用了近18 000只电子管，占地170m^2，重达30t，耗电140kW，价格40多万美元，是一个昂贵又耗电的"庞然大物"。尽管ENIAC还有不少弱点，但它的问世具有划时代的意义。在短短的半个世纪中，计算机在研究、生产和应用方面都得到了突飞猛进发展。

2. 计算机的发展阶段

计算机的发展以使用的基本逻辑元件为标志，划分为以下几个阶段：

第一代：电子管计算机（1946～1957年），采用电子管作为主要元件，运算速度仅为几千次/秒。第一代电子计算机体积庞大、耗电量高、造价十分昂贵，主要用于军事领域的科学计算。

第二代：晶体管计算机（1958～1964年），以晶体管作为主要元件，运算速度几十万次/秒。与第一代电子计算机相比，晶体管计算机体积缩小、省电、可靠性大幅度提高，制造成本降低，引入了汇编语言，逐渐运用于工业控制等方面。

第三代：中小规模集成电路计算机（1965～1970年），采用集成电路作为主要元件，运算速度几十万次～几百万次/秒。计算机体积进一步减小、可靠性大大提高，应用领域逐步扩大。

第四代：大规模、超大规模集成电路计算机（1971年至今），主要元件采用大规模、超大规模集成电路，计算机的体积更小，计算速度为几百万次/秒～几十万亿次/秒。计算机的发展进入了以计算机网络为特征的时代。

随着微处理器的出现，微型计算机得到广泛应用。微型计算机的发展以微处理器为特征，微型计算机的换代通常以微处理器的字长和系统组成的功能来划分。从20世纪70年代第一台微型计算机诞生以来，微型计算机经历了4位、8位、16位、32位和64位微处理器的发展历程。

任务2　认识计算机外观构成

 任务描述

从外部观察计算机的构成，掌握台式计算机的外观构成，并记录相应参数。

 **任务分析**

面对台式计算机，首先看到的是主机、显示器、键盘、鼠标等部件，这些部件构成了计算机的基本外观配置。了解计算机外观构成对硬件组装具有重要的意义。

 知识准备

常见的计算机可以分为笔记本式计算机、一体机和台式机三种类型，具体外观如图1-2所示。本书中涉及的计算机默认为台式机。

a)　　　　　　　　　b)　　　　　　　　　c)

图1-2　常见计算机外观

a）笔记本式计算机　b）一体机　c）台式机

1. 主机（机箱）

计算机的机箱有立式和卧式两种，如图1-3所示。内有固定支架和一些紧固件。安装了电源、主板、CPU、内存、硬盘、光驱以及显卡等部件后，通常称之为主机。

a）

b）

图1-3　机箱

a）立式机箱　b）卧式机箱

2. 显示器

显示器又称为监视器，是微型计算机最重要的输出设备，是计算机向人们传递信息的窗口。显示器能以数字、字符、图形、图像等形式，显示各种设备的状态和运行结果、编辑的文件、程序和图形。显示器通过显卡接到系统总线上，两者一起构成显示系统。显示器主要有阴极射线管（Cathode Ray Tube，CRT）显示器和液晶显示器（Liquid Crystal Display，LCD）两种，如图1-4所示。目前使用最广泛的是液晶显示器，阴极射线管显示器已逐步退出市场。

a）

b）

图1-4　显示器

a）阴极射线管显示器　b）液晶显示器

3. 光盘驱动器

光盘驱动器就是人们平常所说的光驱，是读取光盘信息的设备。目前的多媒体计算机大多配置DVD-ROM。光盘存储容量大、价格便宜、保存时间长，适宜保存大容量的数据，如声音、图像、动画、视频等多媒体信息，其外观如图1-5所示。

a）

b）

图1-5　常见光驱

a）光驱正面外观　b）光驱接口外观

4. 音箱（耳机）

声卡只能对音频信号进行处理，要想发出动听的声音，还必须通过音箱（耳机）。音箱（耳机）是将音频信号变换为声音的一种装置，通俗地讲就是指音箱主机或低音炮内自带功率放大器，对音频信号进行放大处理后由音箱本身回放出声音。音箱包括箱体、扬声器单元、接口与放大器四个部分。音箱（耳机）与声卡一起构成多媒体计算机的声音系统。如图1-6所示为常见的音箱（耳机）。

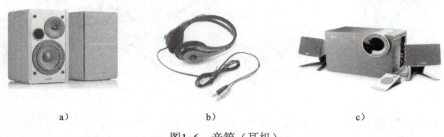

图1-6 音箱（耳机）

a）普通音箱 b）耳机 c）高品质音箱

5. 键盘

键盘是最常用也是最主要的输入设备，通过键盘可以将英文字母、数字、标点符号等输入到计算机中，从而向计算机发出命令、输入数据等，如图1-7所示。

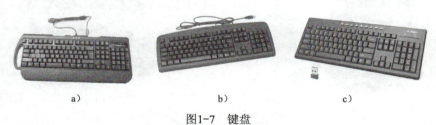

图1-7 键盘

a）PS/2键盘 b）USB键盘 c）无线键盘

（1）键盘的工作原理

键盘的基本工作原理就是实时监视按键，将按键信息送入计算机。在键盘的内部设计中有定位按键位置的键位扫描电路、产生被按下键代码的编码电路以及将产生的代码送入计算机的接口电路等，这些电路被统称为键盘控制电路。

（2）键盘的分类

按键盘按键的数量可分为84键、101键、104键及多媒体键盘等。

按键盘接口类型可分为AT接口键盘、PS/2接口（串行接口）键盘及USB接口键盘，AT接口键盘俗称"大口"键盘（目前基本不再使用），PS/2接口键盘俗称"小口"键盘。

按键盘与计算机之间有没有直接的物理连线，可以将键盘分为有线键盘和无线键盘。有线连接是最普遍、最常见的连接方式，其优点是价格相对较低，由计算机主机供电不需要额外的电源，而且信号传输稳定，不容易受到干扰；缺点是使用范围要受到键盘连线长度的制约，在某些场合应用不方便，而且使用不当（例如拖曳力度过大），会造成键盘连线内部线路断裂或与键盘内部接点短路。无线连接方式没有键盘连线的束缚，可在离计算机主机较远距离的较大范围使用，特别适用于某些特殊场合；其缺点是价格相对较高，需要额外的电源，必须定期更换电池或充电，而且信号传输相对易受干扰。无线连接的具体方式可分为红外、蓝牙、无线电等。

按键盘外形分可为标准键盘和人体工程学键盘，人体工程学键盘是在标准键盘基础上将指法规定的左手键区和右手键区这两大板块左右分开，并形成一定角度，使操作者不必有意识的夹紧双臂，保持一种比较自然的形态。

6. 鼠标

鼠标是一种屏幕标定装置，它在图形处理方面要比键盘方便得多，在Windows环境下，鼠标已成为计算机的重要输入设备，大多数操作都是靠鼠标来完成的，如图1-8所示。

（1）光电鼠标的工作原理

光电鼠标主要由四部分核心组件构成，分别是发光二极管、透镜组件、光学引擎以及控制芯片组成。在光电鼠标内部有一个发光二极管，通过该发光二极管发出的光线，照亮光电鼠标底部表面（这就是鼠标底部总会发光的原因）；然后将光电鼠标底部表面反射回的一部分光线，经过一组光学透镜（图1-9）传输到一个光电压感应器（微成像器）内成像。这样，当光电鼠标移动时，其移动轨迹便会被记录为一组高速拍摄的连贯图像，最后利用光电鼠标内部的一块专用图像分析芯片对移动轨迹上摄取的一系列图像进行分析处理，通过对这些图像上特征点位置的变化进行分析，来判断鼠标的移动方向和移动距离，从而完成光标的定位。

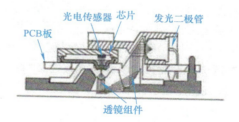

图1-8　（USB）鼠标　　　　　　　图1-9　光电鼠标工作原理

（2）鼠标的分类

根据鼠标的工作原理可分为机械式鼠标和光电鼠标。根据鼠标的按钮数目多少可分为二键鼠标、三键鼠标。根据鼠标的接口不同可分为串行鼠标、PS/2鼠标、USB鼠标及无线鼠标。目前USB鼠标使用较普遍，也有一部分采用PS/2鼠标，PS/2鼠标通过一个六针微型DIN接口与计算机相连，与键盘的接口一样，只是颜色上有区分，使用时注意区分。

任务实施

1. 操作内容

识别计算机的显示器、光驱、音箱、键盘和鼠标等外部组件，并记录型号或编号。

2. 操作记录

观察计算机的外观构成，将相关名称写在表1-2中。

表1-2 计算机外观构成

序　号	部件名称	生产厂商（品牌）	型号（规格）	主要参数
1	机箱			
2	光驱			
3	显示器			
4	键盘			
5	鼠标			
6	音箱（耳机）			
7				

 知识链接

1. 键盘的选购

（1）观察键盘的品质　购买键盘时，首先要观察键盘外露部件加工是否精细，表面和边缘是否平滑，按键上的字母是否印刷清晰。劣质的计算机键盘外观粗糙、按键弹性差，按键字母模糊。

（2）注意按键手感　键盘的手感对于键盘性能非常重要，手感好的键盘弹性适中、回弹速度快而无阻碍，在打字时不至于使手指、关节和手腕过于疲劳。

（3）考虑按键的排列习惯　挑选计算机键盘，应该考虑键盘上的按键排列是否符合习惯。一般说来，不同厂家生产的计算机键盘，按键的排列不完全相同。

（4）注意选择键盘接口　目前市场上的键盘大都为USB接口，也有一部分采用PS/2接口。USB键盘的最大优点在于即插即用、安装方便，但价格稍贵。

2. 鼠标的选购

（1）手感　长时间使用鼠标，就应该注意鼠标的手感。好的鼠标设计应符合人体工程学，手握时感觉轻松、舒适且与手掌贴合，按键轻松有弹性，滑动流畅，屏幕指标定位精确。鼠标的好坏不但影响工作效率，而且对人的健康也有影响，长期使用手感不合适的鼠标，可能会引起上肢的一些综合病症。

（2）外观　造型漂亮、美观的鼠标能给人带来愉悦的感觉，有益于人的心理健康。在鼠标的外观制作上，亚光的要比全光的工艺难度大，而多数伪劣产品都达不到亚光这种工艺要求，可以比较明显地分辨。

（3）分辨率　鼠标的分辨率是一款鼠标性能高低的决定性因素，其单位是DPI（Dots per Inch），意思是指鼠标移动中，每移动1in（1in=0.0254m）能准确定位的最大信息数。DPI值越高，意味着鼠标越能更快速地移动并且定位更精准。但是只有在使用大分辨率的显示器时高DPI的鼠标才有用武之地，因此分辨率并不是越高越好。对于大多数用户来说400DPI已经绰绰有余了。现在一般鼠标的分辨率是800～1000DPI，有的可以达到2000DPI甚至更高，而且有的鼠标的分辨率是可调的。

（4）鼠标的品牌　名牌产品在质量上有保证，讲究市场和质量的厂家都通过了国际认证（如ISO 9000、3C），这些都有明确的标志。这类鼠标厂商往往能提供一至三年的质保，而有的鼠标厂商则只保三个月。此外，名牌厂家生产的鼠标还有流水号，如果是伪劣产品，则往往没有流水序列号或者所有的流水序列号都相同。

在选购鼠标时，除了上述几点外，还应注意支持鼠标的软件、价格、售后服务等因素。

任务3　初识计算机内部组件

 任务描述

打开主机机箱观察并记录CPU、主板、内存、显卡、声卡、网卡、硬盘等内部组件型号及其相应的参数，掌握计算机内部结构组成。

 任务分析

计算机的内部组件主要集成在计算机的主机中，主机是控制整个计算机的中心，由主板、CPU、内存、硬盘、各种扩展卡、光驱等组成，封闭于机箱内。计算机内部组件的识别是进行计算机组装的基础。

 知识准备

1. 主板

主板（Mainboard）又称为系统板（System board）或母板（Motherboard），是计算机系统中最大的一块电路板，它安装在机箱内，也是计算机最重要的部件之一，它的类型和档次决定整个计算机系统的类型和档次，如图1-10所示。

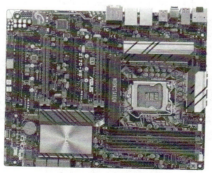

图1-10　主板

2. CPU

CPU是中央处理器的简称，是计算机的核心部件，相当于人的大脑，其主要功能是进

9

行算术运算和逻辑运算。CPU的生产厂商主要有Intel公司、AMD公司和龙芯中科技术有限公司，如图1-11所示。目前Intel酷睿系列、至强系列和AMD的速龙、翼龙系列处理器在市场上占有很大的比例。

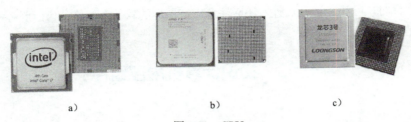

a）　　　　　　　　　　　b）　　　　　　　　　　　c）

图1-11　CPU

a）Intel芯片　b）AMD芯片　c）龙芯芯片

随着CPU主频的提升，CPU的发热量越来越大，而CPU过热将影响整个系统的稳定，甚至导致CPU烧毁。CPU风扇是在CPU芯片上安装的一种重要的散热工具，CPU在运行中产生的高热量主要是通过CPU风扇来降温，如图1-12所示。

图1-12　CPU风扇

3. 内存

RAM即人们通常所说的内存，是计算机存储各种信息的部件，内存的容量与性能是衡量计算机性能的一个重要指标。内存容量越大，可存放的信息就越多，计算机的工作效率也就越高。内存是主机内较小的配件，其形状为长条形，故又称为内存条，如图1-13所示。

图1-13　内存

4. 硬盘

硬盘（Hard Disk）是计算机系统中重要的外部存储设备，具有容量大、速度快和可靠性高的优点。计算机的操作系统、应用软件和常用数据都存放在硬盘中。硬盘的存储介质是若干个刚性磁盘片，与硬盘驱动器集成在一起，密封在金属盒内，用户只能看到外观，如图1-14所示。目前国内市场上常见的硬盘品牌有希捷（Seagate）、西部数据（Western Digtal）、东芝（Toshiba）等。

a）　　　　　　　　　　　　　　　　　b）

图1-14　硬盘

a）硬盘正面外观　b）硬盘背面及接口外观

5. 显卡

显示适配器简称显卡，如图1-15所示。它是显示器与主机通信的控制电路和接口，其作用是将主机的数字信号转换为模拟信号，并在显示器上显示出来。显卡的基本作用是控制图形的输出，它工作在CPU和显示器之间。显卡按总线类型分为ISA、PCI、AGP、PIC-E等，目前最常用的是PCI-E显示卡。

a）　　　　　　　　　　　　　　　　　b）

图1-15　显卡

a）显卡正面外观　b）显卡接口外观

6. 声卡

声卡也叫音频卡，是多媒体计算机的主要部件之一，是计算机进行声音处理的适配器，其作用是实现声音/数字信号的相互转换。声卡从外观上看，同显卡很相似，如图1-16所示。随着主板厂商设计能力的提高，大多数声卡已集成在主板上，如图1-17所示。

图1-16　独立声卡

图1-17　集成声卡芯片

7. 网卡

网络系统中的一种关键硬件就是网络适配器，俗称网卡，如图1-18所示。在局域网中，网卡起着重要的作用，用于将用户计算机与网络相连。使用时，网卡插在计算机的扩展槽中，用于发出和接收不同的的信息帧，以实现计算机通信。网卡上有红、绿两种指示灯，红灯亮时表示网卡正在发送或者是接收数据，绿灯亮时表示网络连接正常，否则不正常。目前，市场上独立的网卡越来越少，同声卡一样，大多数网卡也已集成在主板上，如图1-19所示。

图1-18　独立网卡　　　　　　　图1-19　集成网卡芯片

8. 电源

电源是计算机的重要组成部分之一，如图1-20所示。电源的作用是为计算机所有配件提供电量，并将高压交流电转换成能让计算机元件正常工作的低压直流电。电源的好坏直接影响到计算机硬件系统的稳定和硬件的使用寿命。

图1-20　电源

（1）电源的基本工作原理

随着硬件设备特别是CPU和显卡的飞速发展，对供电的要求越来越高，使得电源对于整个计算机系统稳定性的影响也越来越大。电源的基本工作原理是：220V交流电进入电源，经整流和滤波转为高压直流电，再通过开关电路和高频开关变压器转为高频率低压脉冲，再经过整流和滤波，最终输出低压的直流电源。

（2）电源的分类

根据电源应用于不同的主板，将电源分为AT电源、ATX电源、Micro ATX电源和BTX电源。AT电源应用在AT机箱内，其功率一般在150～250W之间，共有4路输出

（±5V，±12V），另外向主板提供一个PG（接地）信号。输出线为两个6芯插座和几个4芯插头，其中两个6芯插座为主板提供电力。AT电源采用切断交流电的方式关机，不能实现软件开关机，目前已淘汰。ATX电源和AT电源相比较，最明显的就是增加了±3.3V和+5V Standby两路输出及一个PS-ON信号，并将电源输出线改成一个20芯的电源线为主板供电，在外形规格和尺寸方面并没有发生太大的变化，目前市面上销售的家用计算机电源，一般都遵循ATX规范。Micro ATX电源是Intel公司在ATX电源的基础上改进的，其主要目的就是降低制作成本。最显著的变化是体积减小、功率降低。BTX电源是在ATX的基础上进行升级得到的，它包含ATX12V、SFX12V、CFX12V和LFX12V四种电源类型。其中，ATX12V针对的是标准BTX结构的全尺寸塔式机箱，可为用户进行计算机升级提供方便。

 任务实施

1. 操作内容

识别计算机的CPU、主板、内存、显卡、声卡、网卡、硬盘等内部组件，并记录型号或编号。

2. 准备工作

一台完整的计算机、磁性螺钉旋具（一字、十字各一把）、尖嘴钳、镊子、盛放螺钉的器皿。

3. 实施步骤

1）关闭计算机电源，并用双手触摸机箱等接地良好的导体等，去除手上的静电。

2）拔掉主机电源线，拆除连接的各种数据线。

3）打开机箱旁板，先观察箱内各配件布置位置。

4）拆除显卡、网卡、声卡等。

5）拔掉与主板连接的各种电源线和数据线。

6）卸下主板上的螺钉，取出主板，将其放置于平整的桌面上。

7）依次取下安装于主板上的内存、CPU风扇、CPU。

8）分别拆卸硬盘、光驱。

9）拆卸机箱内的电源。

10）观察各个部件的外观特征，记录各部件的生产厂商、型号或编号、容量等。

4. 实训组织

1）由2～4名学生组成一个小组，共同完成操作内容。

2）指导老师讲解操作要点，并强调安全事项。

5. 实训记录

打开计算机主机，观察计算机的内部构成，将相关信息记录在表1-4中。

表1-4　计算机内部组件

序　号	部件名称	生产厂商（品牌）	型号或编号	参　数	备　注
1	主板				
2	CPU				
3	CPU风扇				
4	内存				
5	显卡				□独立 □集成
6	硬盘				
7	电源				
8	网卡				□独立 □集成
9	声卡				□独立 □集成

知识链接

电源的主要性能指标包括以下几点：

（1）电源效率　是指电源的输出功率与输入功率的百分比。

（2）过电压保护　AT电源的直流输出电压有±5V、±12V，而ATX电源的输出电压多了3.3V和辅助性5V电压。若电压太高或者是电源出现故障导致输出电压不稳定，则板卡就会烧坏。因此，市场上的电源大都有过电压保护的功能，即电源一旦检测到输出电压超过某一数值，便会自动中断输出，以保护板卡。

（3）纹波大小　纹波是指叠加在直流稳定量上的交流分量。由于电源输出的直流电压是通过交流电压整流、滤波后得来的，其中总有部分交流成分。纹波太大对主板、内存及其他板卡均不利。

（4）电磁干扰　电源内的元件会产生高频电磁辐射，这种辐射会对其他元件和人产生严重干扰和危害。

（5）多国认证标记　电源获得的认证越多，其质量和安全性就越高。电源的安全认证标准主要有CCEE（电工）认证、UL（保险商试验所）认证、CE（欧盟）认证等。

习题

1. 简答题

1）计算机以使用的电子元件为标志，可分为哪几个阶段？

2）从逻辑功能上看，计算机硬件由哪几部分构成？

3）请简要叙述光电鼠标的工作原理。

2. 单项选择题

1）第一台电子计算机是诞生于（　　　）年。

　　A．1940　　　　　　B．1945　　　　　C．1946　　　　　D．1950

2）微型计算机的CPU是指（　　　）。

    A．主板   B．中央处理器   C．内存储器   D．I/O设备

3）在计算机中负责指挥和控制计算机各部分自动地、协调一致地进行工作的部件是（   ）。

    A．控制器   B．运算器   C．存储器   D．总线

4）在计算机中的RAM是指（   ）。

    A．只读存储器   B．可编程只读存储器

    C．动态随机存储器   D．随机存取存储器

5）下列（   ）不是键盘接口类型。

    A．USB   B．PS/2   C．PCI   D．AT

6）负责计算机内部之间的各种算术运算和逻辑运算功能的部件是（   ）。

    A．内存   B．CPU   C．主板   D．显卡

7）鼠标分辨率的默认单位是（   ）。

    A．DPI   B．rpm   C．GB   D．ms

8）根据电源应用于不同的主板，可将电源分为四种，（   ）不是其中之一。

    A．AT电源   B．ATX电源   C．YTX电源   D．BTX电源

项目2　组装计算机硬件

学习目标

1）了解CPU与内存分类，掌握其主要性能指标。

2）了解主板的结构，掌握各个接口的作用。

3）掌握组装一台计算机硬件的基本操作。

4）了解常见组装中遇到的问题。

任务1　认识CPU与内存

任务描述

对CPU与内存作进一步详细的认识。

任务分析

CPU与内存是计算机重要的组件，正确识别它们是完成计算机组装的基础。

知识准备

1. CPU

（1）CPU的发展史

CPU从最初发展至今已经有四十多年的历史了，按照其处理信息的字长，可以分为4位微处理器、8位微处理器、16位微处理器、32位微处理器以及64位微处理器。下面以Intel公司的CPU为主线条，做简单介绍。

1971年，Intel公司推出了世界上第一款微处理器4004，这是第一个可用于微型计算机的四位微处理器，随后Intel又推出了8008。

1974年，Intel公司推出的8080成为第二代微处理器，8080被用于各种应用电路和设备中，作为代替电子逻辑电路的器件。第二代微处理器均采用NMOS工艺。

1978年，Intel公司生产的8086是第一个16位的微处理器，这就是第三代微处理器的起点。8086微处理器主频速度为8MHz，具有16位数据通道，内存寻址能力为1MB。随后，Intel又开发出了8088。1981年，美国IBM公司将8088芯片用于其研制的个人计算机（Personal Computer）中，从而开创了全新的微机时代。也正是从8088开始，个人计算机的概念开始在全世界范围内发展起来。从8088应用到IBM PC上开始，个人计算机真正走进了人们的工作和生活之中，它标志着一个新时代的开始。

1982年，Intel公司在8086的基础上，研制出了80286微处理器，80286集成了大约13万个晶体管。8086～80286这个时代是个人计算机起步的时代。

1989年，80486芯片由Intel推出。这款经过四年开发和3亿美元资金投入的芯片的伟大之处在于它首次实破了100万个晶体管的界限，集成了约110万个晶体管，使用1μm的制造工艺。这也是Intel最后一代以数字编号的CPU。

1993年，全新一代的处理器Pentium（奔腾）问世，它全面超越了486。Pentium处理器集成了超过110万个晶体管，时钟频率最高达到120MHz。随后Intel推出 Pentium Pro与Pentium MMX。

1997年，Intel继续强势推出Pentium Ⅱ（中文名"奔腾二代"），早期的Pentium Ⅱ采用Klamath核心，0.35μm工艺制造，内部集成750万个晶体管。Pentium Ⅱ采用了与 Pentium Pro相同的核心结构，同时增加了MMX指令集。1998年推出的Celeron 赛扬处理器，实际上可以说是Pentium Ⅱ的"简化版"。

1999年初，Intel公司发布了采用Katmai核心的新一代微处理器——Pentium Ⅲ。该微处理器采用0.25μm工艺制造，内部集成950万个晶体管，系统总线频率为100MHz；采用第六代CPU核心——P6微架构，针对32位应用程序进行优化，双重独立总线；一级缓存为32KB，二级缓存大小为512KB，新增加了能够增强音频、视频和3D图形效果的指令集，共70条新指令。Pentium Ⅲ的起始主频速度为450MHz。

2000年，Intel发布了Pentium 4处理器，最早的Pentium 4采用Socket 423接口，在上市几个月以后就被改成了Socket 478接口，其核心也由Willamette换成了Northwood。早期的Pentium 4处理器集成了4200万个晶体管，到了改进版的Pentium 4（Northwood）更是集成了5500万个晶体管；并且开始采用0.13μm工艺进行制造，起始主频就达到了1.5GHz，并且率先支持了双通道DDR技术。

2004年2月，Intel正式发布以Presscott为核心的新Pentium 4处理器，其接口后来改成LGA775接口，这也导致新P4和以前的主板不能兼容。以Presscott为核心的P4起始频率是2.8GHz。

2005年发布Intel Pentium D 处理器，是首颗内含2个处理核心的Intel Pentium D 处理器登场，正式揭开x86处理器多核心时代。

2008年，Intel发布Intel Core i7处理器。Intel官方正式确认，基于全新Nehalem架构的新一代桌面处理器将沿用"Core"（酷睿）名称，命名为"Intel Core i7"系列。

2009年，Intel发布Intel Core i5处理器。酷睿i5处理器同样建基于Intel Nehalem微架构。与Core i7支持三通道存储器不同，Core i5只会集成双通道DDR3存储器控制器。另外，Core i5集成了一些北桥的功能，集成了PCI-E控制器。接口亦与Core i7的LGA 1366不同，Core i5采用全新的LGA 1156接口。

2010年，Intel发布Intel Core i3处理器。酷睿i3作为酷睿i5的进一步精简版，是面向主流用户的CPU家族标识。拥有Clarkdale（2010年）、Arrandale（2010年）、Sandy Bridge（2011年）等多款子系列。

2011年，Intel发布Intel Sandy Bridge处理器。SNB（Sandy Bridge）是Intel在2011年初发

布的新一代处理器微架构，这一构架的最大意义莫过于重新定义了"整合平台"的概念，与处理器"无缝融合"的"核芯显卡"终结了"集成显卡"的时代。这一创举得益于全新的32nm制造工艺。

2012年：Intel ivy Bridge处理器。2012年4月24日下午在北京天文馆，Intel正式发布了ivy bridge（IVB）处理器。22nm Ivy Bridge将执行单元的数量翻一番，达到最多24个，自然会带来性能上的进一步跃进。Ivy Bridge加入对DX11的支持的集成显卡。另外新加入的XHCI USB 3.0控制器则共享其中四条通道，从而提供最多四个USB 3.0，从而支持原生USB 3.0。CPU的制作采用3D晶体管技术，CPU耗电量会减少一半。

（2）CPU的主要生产商

CPU的主要生产商，分别是Intel公司、AMD公司以及我国的龙芯公司。

1）Intel公司。Intel公司成立于1968年，是目前全球最大的半导体芯片制造商，具有30多年产品创新和市场领导的历史。公司的第一个产品是半导体存储器。1971年，Intel推出了全球第一个微处理器。这一举措不仅改变了公司的未来，而且对整个工业产生了深远的影响。微处理器所带来的计算机和互联网革命，改变了这个世界。Intel在CPU市场大约占据了80％份额。Intel 领导着CPU的世界潮流，从286到如今市场火爆的酷睿系列，它始终推动着微处理器的更新换代。Intel的CPU不仅性能出色，而且在稳定性、功耗方面都十分理想。

2）AMD公司。AMD是Advanced Micro Devices 的缩写，公司创办于1969 年，是全球仅次于Intel的第二大PC芯片厂商，也是唯一能与Intel竞争的CPU生产厂家。AMD公司认为，由于在CPU核心架构方面的优势，同主频的AMD处理器具有更好的整体性能。同时因为其产品得到多家合作伙伴以及众多整机生产厂商的支持，早期产品中兼容性不好的问题已得到基本解决，其产品的性能较高而且价格便宜。

3）龙芯公司。龙芯CPU最早中国科学院计算所自主研发，2010年成立龙芯中科技术有限公司，龙芯芯片正式从研发走向产业化。龙芯1号的频率为266MHz，最早在2002年开始使用。龙芯2号的频率最高为1.2GHz。龙芯3A是首款国产商用4核处理器，其工作频率为900MHz—1GHz。龙芯3A的峰值计算能力达到16GFlops。龙芯3B是首款国产商用8核处理器，主频达到1GHz，支持向量运算加速，峰值计算能力达到128GFlops，具有很高的性能功耗比。

2. 内存

内存也称内部存储器、RAM或主存储器，是计算机运行过程中临时存放数据的地方。计算机工作时，先将要处理的数据从磁盘调入内存，再从内存送到CPU，完成处理后，将数据从CPU送回内存中，最后才保存到磁盘上。

（1）内存的计算单位

1）位（bit）与字节（Byte）。

众所周知，计算机用的是二进制数，如10011010，其中的一个0或1就是一位（bit），而10011010就是一个8位二进制数。一个8位二进制数称为一个字节（Byte）。

2）计算单位。

在计算机中，存储器是以字节为基本单位存储信息的。存储器中存储单元的总数称为存储容量。存储容量可用B、KB、MB、GB和TB表示，它们的关系如下：

$$1 \text{ KB}=1024 \text{ Byte}=2^{10} \text{ Byte}$$

$$1 \text{ MB}=1024 \text{ KB}=1024\times1024 \text{ Byte}$$

$$1 \text{ GB}=1024 \text{ MB}$$

$$1 \text{ TB}=1024 \text{ GB}$$

（2）插槽类型

为了节省主板空间和加强配置的灵活性，装在主板上的内存采用内存条的结构，也就是将若干条DRAM存储芯片先排列在一个小长形印刷电路板上，然后再插入内存插槽。

金手指（connecting finger）是内存条上与内存插槽之间的连接部件，所有的信号都是通过金手指进行传送的。金手指由众多金黄色的导电触片组成，因其表面镀金而且导电触片排列如手指状，所以称为"金手指"。

内存插槽分为SIMM、DIMM及RIMM三大类。SIMM代表单列直插内存模块（Single Inline Memory Module），DIMM意为双列直插内存模块（Dual Inline Memory Module）。早期的EDO和SDRAM内存，使用过SIMM和DIMM两种插槽，但从SDRAM开始，就以DIMM插槽为主，而到了DDR和DDR2时代，SIMM插槽已经很少见了。

1）SIMM。

SIMM就是一种两侧金手指都提供相同信号的内存结构，它多用于早期的PM RAM与EDO RAM，最初一次只能传输8位数据，后来逐渐发展出16位、32位的SIMM模组，其中8位和16位SIMM使用30线接口，32位则使用72线接口。在内存发展进入SDRAM时代后，SIMM逐渐被DIMM技术取代。

根据每面金手指线数的不同，SIMM有30线和72线之分。30线SIMM主要使用在早期的286/386/486主板中，72线SIMM则在后期486和早期的586主板上比较常用。

2）DIMM。

DIMM与SIMM类似，不同的只是DIMM的两侧金手指各自独立传输信号，即两侧信号不同，可满足更多数据信号的传送需要，目前在各类主板上广泛应用。有以下两种规格：

① 184线DIMM，DDR内存采用，金手指每面84线，金手指上只有一个卡口。

② 240线DIMM，DDR2与DDR3内存采用，金手指卡口位置与DDR不同。

3）RIMM。

RIMM是Rambus公司生产的RDRAM内存所采用的接口类型，RIMM内存与DIMM的外型尺寸差不多，金手指同样也是双面的。RIMM 16位内存有184线的针脚，32位的有232线的针脚，在金手指的中间部分有两个靠的很近的卡口。

（3）传输类型

传输类型指内存所采用的内存类型，不同类型的内存传输类型各有差异，在传输率、工作频率、工作方式、工作电压等方面都有不同。目前市场中主要有的内存类型有SDRAM、DDR SDRAM和RDRAM三种，其中DDR SDRAM内存占据了市场的主流，而SDRAM内存规格已不再发展，已被淘汰，RDRAM则始终未成为市场的主流，只有部分芯片组支持。

1）SDRAM。

SDRAM（Synchronous DRAM，同步内存）如图2-1所示，它的输入输出信号是同步于系统时钟频率工作的。SDRAM频率一般有66/100/133MHz几种，通常称之为PC66、PC100

和PC133。

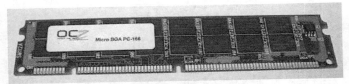

图2-1 SDRAM

2）DDR SDRAM。

DDR SDRAM（Double Data Rate Synchronous DRAM，双倍数据速率同步内存）简称DDR。因为DDR内存在时钟的上升及下降的边缘都可以传输资料，而使得实际带宽增加两倍，效率比普通的SDRAM高一倍。

从外形看，SDRAM和DDR内存好像没有多大区别，但仔细观察就会发现两者明显不同：DDR内存金手指是168针脚，而非DDR内存为184针脚。还可以看内存金手指缺口数目，如果有两个缺口则是SDRAM内存，如果只有一个缺口则是DDR内存。

● DDR2：DDR2可以看作是DDR技术标准的一种升级和扩展，DDR的核心频率与时钟频率相等，但数据频率为时钟频率的两倍，也就是说在一个时钟周期内必须传输两次数据。

● DDR3：8bit预取设计，DDR2为4bit；采用点对点的拓扑架构。在DDR3内存标准制定时的目标就是降低至少30%的功耗以及提升至少15%的性能（见图2-2）。

● DDR4：DDR4使用了3DS堆叠封装技术，单条内存的容量最大可以达到目前产品的8倍之多。举例来说，目前常见的大容量内存单条容量为8GB（单颗芯片512MB，共16颗），而DDR4可以达到64GB，甚至128GB。在电压方面，DDR4将会使用20nm以下的工艺来制造，电压从DDR3的1.5V降低至DDR4的1.2V。DDR4内存技术已经成熟，有着达到数倍于DDR2的速度，预计不久后将成市场主流。

图2-2 8GB DDR3

3）RDRAM。

RDRAM（Rambus DRAM，Rambus内存）如图2-3所示，是Rambus公司开发的从芯片到芯片接口设计的新型串行结构的DRAM。RDRAM金手指也是184针脚，但它与SDRAM或者DDR内存的最大区别不在于针脚而是Rambus全身披银光闪闪的金属盔甲。

图2-3 RDRAM

任务实施

1. 准备工作

准备3个不同品牌或不同型号的CPU、3根不同类型的内存条。

2. 识别

根据铭牌识别出主要生产厂商、型号及规格等基本信息。

3. 记录参数

根据基本信息，上网搜索其主要参数并填入表2-1与表2-2中。

表2-1 CPU主要参数

	生 产 厂 商	型号（规格）	主 频	缓 存	工 作 电 压
CPU1					
CPU2					
CPU3					

表2-2 内存主要参数

	品 牌	规格（类型）	容 量	内 存 速 度
内存1				
内存2				
内存3				

 知 识 链 接

1. CPU主要性能指标

（1）主频、外频与倍频

1）CPU的主频（CPU Clock Speed）即CPU内核工作的时钟频率，也称内频，其单位是MHz或GHz，1GHz=1000MHz。一般认为CPU主频越高速度越快。

2）外频是CPU乃至整个计算机系统的基准频率，也称总线频率，即主板芯片组对内存、CPU的运行时钟频率，单位是MHz或GHz。在早期的计算机中，内存与主板之间的同步运行速度等于外频。对于目前的计算机系统来说，两者完全可以不相同，但是外频的意义仍然存在，计算机系统中大多数的频率都是在外频的基础上乘以一定的倍数来实现。

3）CPU的倍频全称是倍频系数。CPU的核心工作频率与外频之间存在比值关系，这个比值就是倍频系数，简称倍频。外频与倍频相乘就是主频，即：主频=外频×倍频。

（2）前端总线频率

前端总线（Front Side Bus，FSB）是将CPU连接到北桥芯片的总线。CPU就是通过前端总线连接到北桥芯片，进而通过北桥芯片和内存、显卡交换数据。前端总线是CPU和外界交换数据的最主要通道，因此前端总线的数据传输能力对计算机整体性能影响很大。前端总线的速度指的是CPU和北桥芯片间总线的速度，更实质性地表示了CPU和外

界数据传输的速度。

前端总线的速度指的是数据传输的速度，外频是CPU与主板之间同步运行的速度。外频与前端总线频率很容易被混为一谈。其主要的原因是在以前的很长一段时间里（主要是在Pentium 4出现之前以及刚出现Pentium 4时），前端总线频率与外频是相同的，因此人们往往简单地直接称前端总线为外频，最终就造成了这样的误会。随着计算机技术的发展，前端总线频率需要高于外频，因此采用了QDR（Quad Date Rate）技术或者其他类似的技术实现这个目的，从而使前端总线的频率成为外频的2倍、4倍甚至更高。

（3）核心

核心（Die）又称为内核，是CPU最重要的组成部分。CPU中心那块隆起的芯片就是核心，是由单晶硅以一定的生产工艺制造出来的，CPU所有的计算、接受/存储命令、处理数据都由核心执行。为了便于CPU设计、生产、销售的管理，CPU制造商会对各种CPU核心给出相应的代号，这也就是所谓的CPU核心类型。一般来说，新的核心类型往往比老的核心类型具有更好的性能。

（4）CPU缓存

CPU缓存（Cache Memory）位于CPU与内存之间的临时存储器，它的容量比内存小但交换速度快。在缓存中的数据是内存中的一小部分，但这一小部分是短时间内CPU即将访问的，当CPU调用大量数据时，就可避开内存直接从缓存中调用，从而加快读取速度。

最早的CPU与缓存是整体的，而且容量很低，英特尔公司从Pentium时代开始把缓存进行了分类，将CPU内核集成的缓存称为一级缓存，将外部（CPU电路板或主板）集成的缓存称为二级缓存，部分CPU还拥有三级缓存。

（5）制造工艺

制造工艺的微米是指IC内电路与电路之间的距离。制造工艺的趋势是向密集度愈高的方向发展。随着越来越高的制造工艺，CPU内器件的密集度也越来越高，CPU的功能也越来越强大。

（6）工作电压

CPU的工作电压即CPU正常工作所需的电压。任何电器在工作的时候都需要电，自然也有对应的额定电压，CPU也不例外。早期CPU的工作电压为5V，随着CPU制造工艺的提高，近年来各种CPU的工作电压有逐步下降的趋势，台式机常见的为1.3～1.5V。就超频能力而言，一般来说，同一档次同一频率的CPU，其电压越低的版本，超频能力越强。

（7）指令集

CPU依靠指令来计算和控制系统，每款CPU在设计时就规定了一系列与其硬件电路相配合的指令系统。指令的强弱也是CPU的重要指标，指令集是提高微处理器效率的最有效工具之一。从现阶段的主流体系结构讲，指令集可分为复杂指令集和精简指令集两部分，从具体运用看，如Intel的MMX（Multi Media Extended）、SSE、SSE2（Streaming-Single instruction multiple data-Extensions 2）和AMD的3DNow！等都是CPU的扩展指令集，分别增强了CPU的多媒体、图形图像和Internet等的处理能力。人们通常会把CPU的扩展指令集称为"CPU的指令集"。

（8）封装技术与接口类型

所谓封装指采用特定的材料将CPU芯片或CPU模块固化在其中以防止受损的保护措施。

封装技术经历了DIP、QFP、PGA、BGA到LGA的发展过程，目前Intel多数采用LGA封装。

2．内存的性能指标

内存对整机的性能影响很大，许多指标都与内存有关，加之内存本身的性能指标就很多，因此，这里只介绍几个最常用也是最重要的指标。

（1）容量

整块内存条所能存储的二进制位数称为内存条的容量，早期容量只有16MB、32MB及64MB；后来市场中容量有2GB、4GB和8GB等，目前最大的单条内存为128GB的DDR4内存。

系统中内存的数量等于插在主板内存插槽上所有内存条容量的总和，如果某台计算机上安装了2根4GB内存，则总容量等于2×4GB=8GB。内存容量的上限一般由主板芯片组和内存插槽决定，不同主板芯片组可以支持的容量不同，比如IH81系列芯片组最高支持16GB内存，多余的部分无法识别。目前多数芯片组可以支持8GB以上的内存。

（2）内存速度

内存速度一般指对内存芯片存取一次数据所需的时间，单位为纳秒（ns，一秒的十亿分之一），时间越短，速度就越快。只有当内存与主板速度、CPU速度相匹配时，才能发挥计算机的最大效率，否则会影响CPU高速性能的充分发挥。存储器的速度指标通常以某种形式印在芯片上。一般在芯片型号的后面印有–10、–7、–6等字样，表示存取速度为10ns、7ns、6ns。

 任务小结

CPU与内存的型号很多，通过此次任务的完成，读者已能初步辨认CPU与内存型号，在以后的安装过程中可以识别CPU或内存是否与主板兼容。

任务2　认识主板插槽

 任务描述

通过学习，要求读者能够辨认计算机主板上的主要插槽。

 任务分析

通过任务1的实训，大家已经认识了CPU与内存。经过本任务的学习，可以更进一步认清主板结构及其包含的插槽，至此，读者已经能够认出计算机内的核心设备。

 知识准备

1．主板

（1）主板结构

主板（Mainboard）又叫系统板（System board）或母板（Mother board），它分为商用主板和工业主板两种。从"System"和"Mother"两词可以看出主板在计算机各个配件中的

重要性。它是计算机最基本的也是最重要的部件之一。主板不但是整个计算机系统平台的载体，还负担着系统中各种信息的交流。另外主板本身也有芯片组、各种I/O控制芯片、扩展插槽、扩展接口、电源插座等元器件。

1）主板的构成。主板的平面是一块PCB，一般采用四层板或六层板。相对而言，为节省成本，低档主板多为四层板：主信号层、接地层、电源层、次信号层，而六层板则增加了辅助电源层和中信号层，因此，六层PCB的主板抗电磁干扰能力更强，主板也更加稳定。

2）主板布局与结构。主板内包含了电路布线、插槽、芯片、接口等。所谓主板结构就是根据主板上各元器件的布局排列方式、尺寸大小、形状、所使用的电源规格等制定出的通用标准，所有主板厂商都必须遵循。

主板结构分为AT、Baby-AT、ATX、Micro ATX、LPX、NLX、Flex ATX、EATX、WATX以及BTX等。其中，AT和Baby-AT是多年前的老主板结构，现在已经淘汰；而LPX、NLX、Flex ATX则是ATX的变种，多见于国外的品牌机；EATX和WATX则多用于服务器/工作站主板；ATX是目前市场上最常见的主板结构；Micro ATX是ATX结构的简化版，也就是常说的"小板"，多用于品牌机并配备小型机箱；而BTX则是英特尔制定的最新一代主板结构。

当主机加电时，电流会在瞬间通过CPU、PCH芯片、内存插槽、PCI-E插槽、SATA接口以及主板边缘的串口、PS/2接口等。随后，主板会根据BIOS（Basic Input/Output System，基本输入输出系统）来识别硬件，并进入操作系统发挥出支撑系统平台工作的功能。

（2）主板上的芯片

1）北桥芯片。北桥芯片一般靠近CPU插槽，通常被散热片盖住。北桥芯片负责与CPU的联系并控制内存、AGP、PCI数据在北桥内部传输，提供对CPU的类型和主频、系统的前端总线频率、内存的类型和最大容量、ISA/PCI/AGP插槽、ECC纠错等的支持，由于发热量较大，因而需要散热片散热。目前的Intel主板上大多没有北桥芯片，其功能已被集成至其他部件。

2）南桥芯片及PCH芯片。南桥芯片负责I/O总线之间的通信，如PCI总线、USB、LAN、ATA、SATA、音频控制器、键盘控制器、实时时钟控制器、高级电源管理等。南桥北芯片组在很大程度上决定了主板的功能和性能。而PCH芯片是一个Intel公司的集成南桥，有PCH芯片的主板上没有北桥芯片。PCH的产品名称为Intel P55。PCH芯片具有原来ICH（输入/输出控制器中心）的全部功能，又具有原来MCH（内存控制器中心）芯片的管理引擎功能，因此可以将它理解成集成后的单桥芯片。

3）BIOS芯片。BIOS芯片是一块方块状的存储器，里面存有与该主板搭配的基本输入输出系统程序。能够让主板识别各种硬件，还可以设置引导系统的设备，调整CPU外频等。

4）声卡、网卡及硬件监控芯片。如今主板大多集成了声卡及网卡，因此主板上会有声卡、网卡芯片，一般为方形芯片。硬件监控芯片则是为了让用户能够了解硬件的工作状态（温度、转速、电压等）。当硬件监控芯片与各种传感元件（电压、温度、转速）配合时，便能在硬件工作状态不正常时，自动采取保护措施或及时调整相应元件的工作参数，以保证计算机中各配件工作在正常状态下。

（3）CPU插座

CPU需要通过某个接口与主板连接才能进行工作。目前CPU有两种处理器架构，即

Socket和Slot，接口主要是针脚式或触点式接口，对应到主板上就有相应的插槽类型。处理器插座的结构要根据相应主板所采用的处理器架构来具体决定，接口类型不同的主板和CPU不能互插。

　　采用Socket架构的CPU是在处理器芯片底部四周分布许多插针，通过这些插针来与处理器插座接触。CPU插座如图2-4所示。插座主要分为：Socket 478、Socket 775、Socket 1136、Socket 1150、Socket 1156等。

图2-4　Socket 1150

　　最初的Socket 478接口是早期Pentium 4系列处理器所采用的接口类型，针脚数为478针。Socket 478的Pentium 4处理器面积很小，其针脚排列极为紧密。英特尔公司的Pentium 4系列和P4赛扬系列都采用此接口，目前这种CPU已经退出市场。

　　Socket 775又称为Socket T，是目前应用于Intel LGA775封装的CPU所对应的接口，采用此种接口的有LGA775封装的单核心的Pentium 4、Pentium 4 EE、Celeron D以及双核心的Pentium D和Pentium EE等CPU。

　　【注意】LGA指的是触点式封装技术，以LGA技术封装的CPU用触点替代了针脚，因此LGA指的是CPU，Socket指的是CPU插槽类型。

　　Socket 1136接口使用更为先进的、带宽更高的QPI总线，并且正式将属于北桥功能的内存控制器整合进了CPU中，可支持三通道DDR3内存。为了能够支持QPI总线所带来的超高带宽，LGA775接口已被放弃（LGA指的是触点式封装技术）。

　　Socket 1156接口可以视作未来处理器发展的方向。虽然接口本身并没有什么可圈可点之处，但从Socket 1156接口开始，整合技术（北桥以及IGP）、超线程技术、睿频（智能超频）技术、虚拟化技术以及未来的32nm工艺都被集成在一起，不能不说LGA1156开创了一个新时代。

　　另一种处理器架构就是Slot架构，它是属于单边接触型，通过金手指与主板处理器插槽接触，就像PCI板卡一样，比如在早期的PⅡ、PⅢ处理器中曾用到的Slot1或用于高端服务器及图形工作站系统的Slot 2及供AMD公司的K7 Athlon使用的Slot A。

　　（4）内存插槽

　　内存插槽一般位于CPU插座下方，指主板插内存的插槽。一般主板上有2～4个内存插槽，主板所支持的内存种类和容量都由内存插槽来决定。目前主要应用于主板上的内存插槽有：SIMM、DIMM与RIMM，其中最常用的DIMM（双列直插式存储模块）插槽如图2-5所示。

图2-5　DIMM内存插槽

（5）扩展插槽

扩展插槽是指主板上用于固定扩展卡并将其连接到系统总线上的插槽，也叫扩展槽、扩充插槽。

1）PCI插槽。PCI插槽是基于PCI（Peripheral Component Interconnect，周边元件扩展接口）局部总线的扩展插槽，其颜色一般为乳白色，位于主板上AGP插槽旁。PCI插槽是主板的主要扩展插槽，其位宽为32位或64位，工作频率为33MHz，最大数据传输率为133MB/s（32位）和266MB/s（64位）。可插接各种功能的扩展卡，如网卡、声卡、视频采集卡等，通过插接不同的扩展卡可以获得目前计算机能实现的几乎所有外接功能。

2）AGP插槽。AGP（Accelerated Graphics Port，图形加速端口）是在PCI总线基础上发展起来的，颜色多为深棕色，位于北桥芯片和PCI插槽之间，并且与PCI插槽不在同一水平位置。主要针对图形显示方面进行优化，专门用于图形显示卡。经历了单倍速、2倍速、4倍速至8倍速的发展，其中AGP 1X传输速率可达到256MB/s；AGP 2X传输速率可达到533MB/s；AGP 4X传输速率可达到1066MB/s；AGP 8X传输速率可达到2.1GB/s。

AGP接口的电压标准随版本的不同而不同：AGP 1X和2X采用 3.3V， AGP 4X采用1.5V，而AGP 8X可支持0.8～1.5V。

3）PCI Express插槽。PCI Express（简称PCI-E）是新一代的I/O总线技术，采用了点对点串行连接方式，比起PCI以及更早期的计算机总线的共享并行架构，每个设备都有自己的专用连接，不需要向整个总线请求带宽，而且可以把数据传输率提高到一个很高的频率，达到PCI所不能提供的高带宽。同时PCI-E技术还能支持热插拔，也是接口技术上的一次飞跃。相比于AGP只能用于图形加速设备而言，PCI-E总线除应用于显卡外，还可以用于其他板卡设备，如声卡、网卡等，应用范围非常广泛（见图2-6）。PCI-E总线标准必将全面取代现行的PCI和AGP，最终实现总线标准的统一。

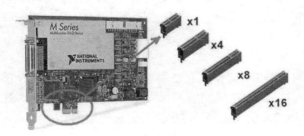

图2-6　PCI-E插槽

PCI-E支持双向传输模式，连接的每个装置都可以使用最大的带宽。PCI-E的接口根据总线位宽不同而有所差异，包括x1（见图2-7）、x4、x8以及x16（见图2-8），x2模式将用于内部接口而非插槽模式。x1的250MB/s传输速度已经可以满足主流声效芯片、网卡芯片和存储设备对数据传输带宽的需求。而用于取代AGP接口的PCI-E x16，能够提供约为4GB/s左右的实际带宽，由于PCI-E可以运行在双全工模式，其速度可以倍增至8GB/s，远远超过AGP 8X的2.1GB/s的带宽。

图2-7　PCI-E x1插槽

图2-8　PCI-E x16插槽

现在常见的显卡都是PCI-E 2.0标准的，制定于2007年，速率5GT/s，x16通道带宽可达8GB/s，一直使用到现在。与PCI-E 2.0相比，PCI-E 3.0的目标是带宽继续提高达到1GB/s，要实现这个目标就要提高速度，PCI-E 3.0的信号频率从2.0的5GT/s提高到8GT/s，编码方案也从8b/10b变为更高效的128b/130b，其他规格基本不变，支持多通道并行传输。

除了带宽翻倍带来的数据吞吐量大幅提高之外，PCI-E 3.0的信号速度更快，相应地数据传输的延迟也会更低。此外，针对软件模型、功耗管理等方面也有具体优化。简而言之，PCI-E 3.0就像高速路一样，车辆跑得更快，发车间隔更低，座位更舒适。

 任务实施

1. 准备工作
准备一块主板。

2. 识别主板
通过识别你准备的主板，将所得信息填入表2-3中。

表2-3 识别主板

主 板 品 牌	CPU插槽类型	内存插槽类型	内存插槽数量	显卡插槽类型	PCI-E插槽数量

3. 辨认插槽

通过辨认图2-9所示的主板布局，将表2-4填写完整。

图2-9 主板布局

表2-4 辨认主板插槽

主板插槽类型	字 母 编 号	可用于插入器件
CPU插座		
内存插槽		
PCI-E x1插槽		
PCI-E x16插槽		

 任务小结

看似密密麻麻的集成电路板其实也就几个插槽需要安装硬件。通过此次任务，了解了主板上一些主要的插槽名称和性能指标，是不是有点跃跃欲试想要动手安装了？再来看下个任务吧。

任务3 安装计算机最小系统

任务描述

通过DIY（Do It Yourself），完成计算机最小硬件系统的安装。

 任务分析

通过前面的实训，大家已经认识了计算机的各个组件，而且经过项目的理论学习与操作实践，已经进一步认清了主板插槽、CPU及内存条，至此，已经具备了安装计算机硬件的条件。

计算机的最小系统通常指电源、主板、CPU（含风扇）、内存条、显卡与显示器。本任务就是指导大家如何完成最小系统中这些计算机主要组件的安装。

 知识准备

主板外部接口和内部接口

（1）外部接口

外部接口指主板上直接用于连接鼠标、键盘、打印机及音响等各种外部设备的接口，如图2-10所示。

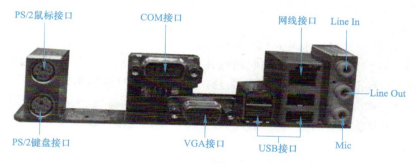

图2-10　主板外部接口

1）COM接口（串行接口）。串行接口（Serial port）简称"串口"，也称RS-232接口。大多数主板都提供一个COM接口，普通计算机的串口通常为9针D形插接器。

2）PS/2接口。俗称"小口"，是一种鼠标和键盘的专用接口，是一种6针的圆型接口。但鼠标只使用其中的4针传输数据和供电，其余2个为空脚。PS/2接口的传输速率比COM接口稍快一些。由于USB接口的普及，PS/2接口开始慢慢淡出市场。根据PC99规范，主板厂家在各接口中都标注了相应的颜色。一般情况下，鼠标的接口为绿色、键盘的接口为紫色。

3）USB接口。USB（Universal Serial Bus，通用串行总线）支持热插拔，真正做到了即插即用。USB接口是现在最为流行的接口，最大可以支持127个外设，并且可以独立供电，其应用非常广泛。USB为2针接口，其中两根为正负电源线，两根是数据传输线。目前主板中主要是采用USB 2.0和USB 3.0；USB 2.0最高传输速率可达480Mbit/s，USB 3.0为5Gbit/s。除了主板背部的插座之外，主板上还预留有USB插针，可以通过连线接到机箱前面作为前置USB接口以方便用户使用。USB从诞生到现在经历了USB 1.0、USB 1.1、USB 2.0、USB 3.0、USB 3.1几个版本。

4）音响与游戏接口。目前，声卡一般集成在主板上，分别介绍如下：

● 　Line Out接口。一般为淡绿色，通过音频线用来连接音箱的Line接口，输出经过计算机处理的各种音频信号。

● Line In接口。一般为淡蓝色，位于Line Out和Mic中间的那个接口，意为音频输入接口，需和其他音频专业设备相连，家庭用户一般闲置无用。

● Mic接口。一般为粉红色，与麦克风连接，用于聊天或者录音。

● MIDI接口和游戏杆接口。声卡的MIDI接口和游戏杆接口是共用的，接口中的两个针脚用来传送MIDI信号，可连接各种MIDI设备，例如电子键盘等。

5）HDMI接口。HDMI（高清晰度多媒体接口，High Definition Multimedia Interface）是一种数字化视频/音频接口技术，是适合影像传输的专用型数字化接口，其可同时传送音频和影像信号，最高数据传输速度为2.25GB/s。播放一个1080p的视频和一个8声道的音频信号需求不到0.5GB/s，因此HDMI还有很大余量。

6）其他接口。

● IEEE-1394接口。IEEE-1394接口是一种广泛使用在数码摄像机、外置驱动器以及多种网络设备的高速串行接口。标准IEEE-1394接口数据传速率为400Mbit/s，IEEE-1394b数据传速率为800Mbit/s。

● 网线接口。由于目前大多数主板集成了网卡，因此此类主板直接对外接口中增加了网线接口，其类型通常为RJ-45。

● LPT接口称为并口，也就是LPT接口，是使用并行通信协议的扩展接口，其采用25针D形接头。所谓并口是指8位数据同时通过并行线进行传送，所以并口的数据传输率与串口相比大大提高，标准并口的数据传输率为1Mbit/s。一般LPT接口用来连接打印机、扫描仪等，所以并口又被称为打印口。

由于USB的速率大大提升，大多数外部设备接口都已经慢慢被USB所取代。

（2）内部接口

内部接口指通过主板连接到位于机箱内部相应设备的端口。通常包括以下几种：

1）硬盘与光驱接口。主板一般采用SATA接口连接硬盘与光驱。

通常，主板提供两个以上用于连接硬盘与光驱的数据接口，两者接口相同。因此，这里以硬盘为例，光驱相同。

硬盘接口是硬盘与主机系统间的连接部件，一般分为IDE、SATA和SCSI三种。IDE接口硬盘多用于家用与办公计算机中，已经逐渐淘汰。SATA接口是当前最普遍的硬盘接口，SCSI接口的硬盘主要应用于服务器产品。

SATA是Serial ATA的缩写，即串行ATA（见图2-11），是当前计算机中使用最普遍的一种硬盘与光驱接口，主要功能是在主板和大量存储设备（如硬盘及光盘驱动器）之间进行数据传输。这是一种完全不同于串行PATA的新型硬盘接口类型，由于采用串行方式传输数据而得名。SATA总线相比以前的IDE接口具备了更强的纠错能力，与以往相比不但能对传输指令进行检查，如果发现错误还会自动矫正，这在很大程度上提高了数据传输的可靠性，而且还具有结构简单、支持热插拔的优点。

图2-11　SATA接口

Serial ATA采用串行连接方式，首先，Serial ATA以连续串行的方式传送数据，一次只会传送1位数据，这样能减少SATA接口的针脚数目，使连接电缆数目变少，效率也会更高。实际上，Serial ATA 仅用四支针脚就能完成所有的工作，分别用于连接电缆、连接地线、发送数据和接收数据。其次，Serial ATA的起点更高、发展潜力更大。现在，SATA分别有SATA 1.5Gbit/s、SATA 3Gbit/s和SATA 6Gbit/s三种规格。未来将有更快速的SATA Express规格。

2）电源接口。用于连接计算机电源的直流输出，为主板提供动力，如图2-12所示。一般主板上会标出ATX_POWER，图2-12所示为14PIN ATX电源接口，常见的还有24PIN的电源接口。

图2-12　ATX电源接口

3）前置USB与前置音频转接端口。

● 　前置USB转接端口。为了满足日益增多的USB设备的需求，如移动硬盘、U盘、手机数据线等，每次要到机箱后面去接非常不便，为此主板提供相应的前置USB转接端口，通过引线与安装于机箱正面的前置USB接口相连，从而使前置USB接口发挥作用。

● 　前置音频转接端口。同理，为了方便用户使用，目前大部分主板提供用于与机箱正面前置音频接口相连接的前置音频转接端口。

4）其他。

● 　IDE。IDE（Integrated Drive Electronics，电子集成驱动器）一般用于连接存储设备驱动器，在SATA普及之前，IDE接口拥有如日中天的地位。IDE代表着硬盘的一种类型，人们已习惯用IDE来称呼最早出现IDE类型硬盘ATA-1，随后出现的ATA、Ultra ATA、DMA、Ultra DMA等接口都属于IDE硬盘。

如图2-13所示，主板上2个40针的IDE接口并列布置。为了区分它们，主板上标注有IDE1、IDE2或者Primary（第一）、Secondary（第二）字样。由于每个IDE接口可以连接两个IDE设备，所以，一般情况下，一台计算机可以连接四个IDE设备。

图2-13　IDE接口

● 　SCSI。SCSI（Small Computer System Interface，小型计算机系统接口）是与IDE完全不同的接口，IDE接口是普通PC的标准接口，而SCSI并不是专门为硬盘设计的接口，是一种广泛应用于小型机上的高速数据传输技术。SCSI接口具有应用范围广、多任务、带宽大、CPU占用率低以及支持热插拔等优点，但价格较高，因此SCSI硬盘主要应用于中、高端服务器和高档工作站中。

● 　软驱接口（Floppy）。用于连接软盘驱动器，一般位于IDE接口或PCI插槽旁，如图2-14所示。因为它是34针的，所以比IDE接口略短一些，数据线也略窄一些。由于软盘的数据容量太小，已淘汰出市场，主板上软驱接口也悄然消失。

图2-14 软驱接口

 任务实施

1. 准备工作

（1）常用装机工具

在组装计算机前，首先要准备好所有要用到的装机工具，其次需要知道装机前的注意事项，最后才可以组装计算机。

首先一字与十字螺钉旋具是必须的，最好选择刚性好、刀柄长、手柄宽大易掌握的中号系列，并一定要选择刀口经过磁化处理的（可以吸附螺钉，以免掉入机箱）。

除了螺钉旋具，镊子与导热硅脂也是必需品，其他工具都是可选的，如尖嘴钳子、防静电手套或手腕、万用表、小排刷、捆扎带等。

（2）装机注意事项

1）注意安全。在装机过程中，由于不断变换位置或更换配件，应避免配件的碰撞、滑落与挤压；注意螺钉等导体是否掉进机箱。此外装机结束前请勿接上市电，加电试机时也要先检查各电源插头是否正确，禁止带电插拔各插头，特别是在夏天安装时要注意汗水。

2）防止静电。由于人体所携带的静电足以击穿集成芯片，所以应养成先释放双手的静电，再接触计算机配件，如清洗双手或接触接地良好的导体（如自来水管），都可以不同程度清除人体所携带的静电。在接触配件的过程中，双手尽量不要接触配件中裸露的芯片、集成电路板等，需接触时，也应尽量拿住配件的边缘。有条件的可配套防静电手套。

3）轻稳安装。在装机过程中，对于各配件应轻拿轻放。一般情况下各配件都不需要使用粗暴的方法来安装，而且大多配件都有防呆设计，只要注意观察，都能够安装正确。目前许多插槽都带有锁扣，而且不同主板的锁扣也不同，在安装时一定要注意观察，保证板卡的安装正确。安装各个配件时，螺钉紧固程度要适中，太松会导致接触不良，太紧会损坏计算机配件。

4）阅读说明。在新购配件时，一般都附有相关的说明书，如容易出错的操作步骤、跳线的设置方法等，所以在装机前应先阅读有关说明书。

（3）安装最小系统准备工作

1）检查电源插座是否通电。

2）检查双手是否已放电。

3）检查机箱（含电源）、主板、CPU（含风扇）、内存条、显卡与显示器是否准备好。

2. 实施过程

（1）机箱与电源的安装

机箱的整个机架由金属构成，它包括5.25in（1in=0.025 4m）固定托架（可安装光驱和

5.25in硬盘）、3.5in固定托架（可安装3.5in硬盘和软驱）、电源固定架（用来固定电源）、底板（用来安装主板）、槽口（用来安装各种插卡）、PC扬声器（可用来发出BIOS报警声音）、连线（用来连接各信号指示灯、按钮以及前置接口等）和塑料垫脚等，如图2-15所示。

取下机箱的外壳，可以看到用来安装电源、光驱、硬盘的驱动器托架。

机箱后的挡片：机箱后面的挡片，也就是机箱后面板卡口，主板的键盘口、鼠标口、串口、USB接口等都要从这个挡片上的孔与外设连接。

有的机箱在下部有个白色的塑料小盒子，是用来安装机箱风扇的，塑料盒四面采用卡口设计，只需将风扇卡在盒子里即可。

接下来就是电源的安装，机箱中放置电源的位置通常位于机箱尾部的上端。电源末端四个角上各有一个螺钉孔，它们通常呈梯形排列，所以安装时要注意方向性，如果装反了就不能固定螺钉。可先将电源放置在电源托架上，再将4个螺钉孔对齐并用手扶紧，最后把螺钉拧紧即可，如图2-16所示。

图2-15　机箱布置图

图2-16　安装及固定电源

| 友情提示 |

拧螺钉的时候有个原则，就是先不要拧紧，要等所有螺钉都到位后再逐一拧紧。安装其他某些配件，如硬盘、光驱等也是一样。

（2）安装CPU

CPU的体积一般较小，安装精度要求较高，所以一般情况下可先将其安装在主板上，并安装好相应的散热器（风扇）。对于LGA封装的CPU一般都是先把它的拉杆拉起，把CPU放下去，然后再把摇杆压下去即可，具体方法如图2-17所示。现在主流的是Intel的i3、i5、i7系列的CPU是触点式CPU，若一款CPU有1150触点，这样主板也要对应的配有1150个口可以给其接上。

a)　　　　　　　b)　　　　　　　c)　　　　　　　d)

图2-17　CPU安装示意

a）CPU插槽　b）打开拉杆　c）放入CPU（注意方向）　d）合上拉杆

33

1）将主板上的CPU插槽侧面的手柄拉起，基本与主板呈垂直状态，准备安装CPU。

2）CPU插座多数设计成零力插拔（ZIF）。将CPU插入到插座中时，应保证CPU与主板插座方向的一致性。插座上有一个三角标志，而CPU上也有一个三角标志，将它们的位置对齐。在对齐了CPU与CPU插座的三角标志孔后，就可以轻轻放下CPU，要注意将CPU放到底。确认CPU安装到位后，将金属手柄压下并恢复到原位，使CPU牢牢固定在主板上。此外，CPU上的凹口安装时对准主板上CPU插座的凸起点即可（见图2-17）。

┃特别注意┃

一些较早的CPU的每个针脚对应插座上的一个针孔，在安装时要轻轻地按CPU，使每根针脚顺利地插入到针孔中，不要用力按，以免将CPU的针脚压弯或折断，造成难以挽回的损失。如今CPU上基本采用触点式针脚，不存在CPU针脚变形的问题。

3）在CPU上涂上散热硅胶，其作用就是和散热器能良好地接触，保证CPU稳定工作。

4）CPU风扇必须与涂完散热硅胶的CPU充分接触以便能够充分散热，因此需将CPU风扇紧固在主板上（如图2-18所示）。

5）安装风扇后，还要将风扇电源插头接至主板提供的专用插槽上（见图2-19）。

图2-18 紧固CPU风扇

图2-19 连接CPU风扇电源

【警告】一定要记住把CPU风扇的电源接好，否则很容易烧坏CPU。

（3）安装内存条

在安装内存条时，一定要注意其缺口和主板内存插槽口的位置相对应，具体如下。

1）首先要打开内存条插槽两边的两个灰白色的固定卡子。记住一定要扳到位，否则内存条可能装不上（见图2-20）。

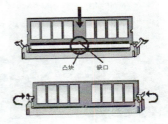
凸块　　缺口

图2-20 安装内存条

2）将内存条的凹口对准插槽凸起的部分，均匀用力插到底，将内存条压入主插槽内即可，同时插槽两边的固定卡子会自动卡住内存条。这时可以听见插槽两侧的固定卡子复位发出"咔"一声响，表明内存条已经完全安装到位了，注意在安装时不要太用力。

【提示】如果要取出内存条，只需将内存条插槽两端的卡具板开，这时内存条会自动从插槽中弹出来。SDRAM、DDR和Rambus内存条的安装是一样的，同样需要注意它们的方向性。

（4）安装主板

1）机箱信号线及前置接口的连接。在驱动器托架下面，可以看到从机箱面板引出开机按钮（Power Switch）和重启按钮（Reset Switch）以及电源指示灯（Power LED）、硬盘指示灯（HDD LED）引线。主板上都有相应的插座（一般位于主板的边缘），找到该插座后，可以按图2-21所示进行连接。

同理，将位于主板上的前置USB及音频转接端口与机箱面板的接口相连接。

【警告】2个指示灯（Power LED、HDD LED）属于发光二极管，连线时须注意正负极性。

2）安装主板。如图2-15所示，在机箱的侧面板上有4~6个主板定位螺孔，这些孔和主板上的圆孔相对应。将主板装入机箱前，要先在机箱底部孔上安装好铜质的定位螺钉。接着将机箱卧倒，然后把主板放在底板上。同时要注意把主板的I/O接口对准机箱后面相应的位置，主板的外设接口要与机箱后面对应的挡板孔位对齐。再把所有的螺钉对准主板的固定孔，依次把每个螺钉安装好，拧紧螺钉。

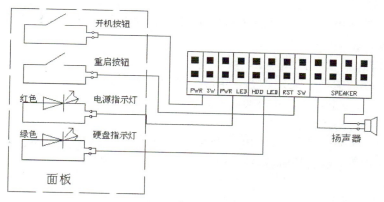

图2-21　连接机箱信号线

|特别注意|

在固定主板时，千万注意不能产生主板信号线与机箱短路的现象。

3）连接主板电源插座。从机箱电源输出线中找到电源线接头，同样在主板上找到电源接口。如图2-11所示，把电源插头插在主板上的电源插座上，并使两个塑料卡子互相卡紧，以防止电源线脱落。同时这也是指示安装方向的一个标志。

（5）安装显卡

以PCI-E x16为例，显卡挡板与主板键盘接口在同一方向，双手捏紧显卡边缘并以垂直于主板的方向，打开插槽底部固定卡口并将显卡压入主板PCI-E x16插槽中。如图2-22所示，用力适中并要插到底部，保证卡和插槽的良好接触，最后拧紧固定螺钉。

接下来，将显示器的HDMI信号插头插到机箱背后显卡的HDMI输出插座上，并拧紧螺钉。若遇到显卡的接口与显示器接口类型不同，则需要用到接口转换器，如图2-23所示。

最后，将主机及显示器电源线分别插入主机电源及显示器电源插座中。

再次检查上述组件的安装情况，确认无误后，轻轻按一下开机按钮，看到显示器工作指示灯变成了绿色，屏幕上也看到了黑底白字的信息了。至此，才真正完成了最小系统硬件的安装。这个过程俗称"点亮"最小系统。

图2-22　安装显卡

图2-23　HDMI/VGA转换器

 强化练习

1．练习目的

掌握安装机箱（电源）、主板、CPU（风扇）、内存条、显卡及显示器的方法，并且将此最小系统点亮。

2．练习内容

1）进一步认识主板、CPU、内存、电源、显卡等计算机主要组件。

2）安装计算机最小系统，并将其正常点亮。

3．操作所需设备及工具

硬件：机箱（电源）、主板、CPU（风扇）、内存条、显卡及显示器，硅胶。

工具：一字与十字螺钉旋具各1把。

4．操作步骤

1）根据已学硬件理论知识，记录上述硬件的基本参数至表2-5中。

表2-5　计算机最小系统硬件参数

序　号	组件名称	组件基本参数		
1	主板	CPU插槽类型	AGP插槽数量	PCI-E插槽数量
		内存插槽类型	硬盘接口类型	电源接口PIN数
2	电源	电源类型	功率	品牌或厂商
3	内存	品牌	容量	类型
4	显卡	品牌	型号	显存

2）安装计算机最小系统。

① 安装机箱及电源。

② 安装CPU及CPU风扇。

③ 安装内存条。

④ 将主板安装到机箱中（注意必须连接开机按钮及喇叭线），并连接主板电源插座。

⑤ 安装显卡，连接显示器信号线。

完成上述安装工作后，连接主机及显示器电源线。

3）启动计算机。

通过开机按钮启动计算机，注意观察下述情况：

① 主机电源风扇是否正常运转；CPU风扇是否正常运转；显卡风扇（若有）是否正常运转；机箱风扇（若有）是否正常运转。

② 观察显示器屏幕信息。

4）如果能点亮计算机，则说明已经正确安装到位；若无法点亮，则关机并切断电源后细心检查。

 任务小结

安装由计算机主要硬件组成的最小系统并将其"点亮"，是装机流程的关键，同时也是维修工作的基础。计算机硬件有很多，在"点亮"最小系统的同时，可以断定这些部件安装及工作正常。通过上述操作，大家肯定有了很深的体会。其实组装计算机并不复杂，只要细心观察各个组件的外观特征，注重接插件类型或形式，一般均能顺利完成项目任务。

任务4　安装计算机硬件

 任务描述

将常用计算机组件全部安装好，直至正常启动计算机。

 **任务分析**

通过任务3的操作，大家已经掌握了DIY的基本要领，除了最小系统的组件外，常用计算机硬件还包括硬盘、光驱、声卡、网卡等。要完成这些硬件的安装，其实并不难，因为已经有了安装经验了。掌握安装计算机各组件的要点，是整个装机工作的核心。

 任务实施

1．准备工作

按照任务3的要求，完成最小系统的安装，具体重复如下：

1）安装机箱：主要是指机箱的拆封，以及将电源安装在机箱内。

2）安装CPU：在主板处理器插座上安装所需的CPU，包括安装散热器（风扇）。

3）安装内存条：将内存条插入主板的内存插槽中。

4）安装主板：将主板安装到机箱中（包括与面板的各种连接线）。

5）安装显卡：将显卡安装到主板的插槽中（安装其他组件时若有碰撞，可先拆下）。

2. 任务实施

（1）安装驱动器

安装驱动器主要包括硬盘和光驱的安装，它们的安装方法几乎相同，具体如下：

1）安装光盘驱动器。光盘驱动器包括CD-ROM、DVD-ROM和刻录机，其外观与安装方法都基本一样。

① 首先从机箱的面板上，取下一个光驱托架槽口的塑料挡板，如图2-24所示，然后将光驱从前面放入。在光驱的每一侧用两颗螺钉初步固定，先不要拧紧，等光驱面板与机箱面板平齐后再拧紧螺钉，如图2-25所示。

图2-24　光驱位置

图2-25　固定光驱

② 连接电源与信号线。SATA光驱接口主要是"L"形电源接口插座和"L"形数据接口插座，如图2-26所示。

先将主机电源中的一个长"L"形插头插入光驱的电源接口中，然后将SATA数据线的一端接到光驱的数据接口上，另一端接到主板的SATA接口上（见图2-27）。由于SATA接口酷似字母"L"的形状，只要对准缺口位置，就不会接反。

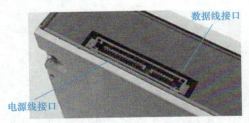
图2-26　光驱背部连线图

图2-27　SATA数据线接入主板

2）安装硬盘。硬盘安装方法与光驱基本相同，这里介绍SATA硬盘的安装方法。通常情况下，主板提供多个SATA接口。SATA接口相比较IDE接口的硬盘在通道上仍保留主从盘之分，但无需在硬件上设置，也可以说没有主从之分了。

硬盘接口包括电源插座和数据插座两部份，安装方式与SATA的光驱一样，对准缺口位置连接好数据线与电源线即可。现在，可以将硬盘装入机箱硬盘驱动器舱了，如图2-28所示（为了方便演示，图2-28中已将硬盘托架从机箱内取出）。

拧紧螺钉将硬盘固定在驱动器舱中，如图2-29所示，将它固定得稳一点，因为硬盘经常处于高速运转的状态，这样可以减少噪声以及防止振动。

图2-28   硬盘定位   图2-29   紧固硬盘

接下来，要连接硬盘电源线及数据线。选择一根从机箱电源引出的硬盘电源线，将其插入到硬盘的电源接口中。硬盘数据线的连接方法与光驱相同，该接口也利用"L"形缺口来定位。将数据线的一端插入硬盘数据接口中，通常将数据线的另一端插入主板的SATA接口中。

（2）整理内部连线并合上机箱盖

机箱内部的空间并不宽敞，开机后风扇会快速转动，如果不将内部引线整理和固定好，则容易发生连线松脱、接触不良、信号紊乱甚至短路等现象。

对于面板信号线，只要将这些线理顺，然后找一根捆绑绳，将它们捆起来即可。对于电源线，理顺后将不用的电源线放在一起，然后找一根捆绑绳将它们捆起来固定在机箱上。对于音频线最好不要将它与电源线捆在一起，避免产生干扰。在购机时，SATA线通常是由主板附送，对于过长的连线，应尽可能与机箱固定在一起。

整理好内部连线后，通常要检查是否有多余的螺钉掉在机箱内部或者卡在某个组件中间，如果没有将其取出，那么一旦发生短路后果不堪设想。

再次仔细检查各部分的连接情况，确保无误后，把主机的机箱盖盖上，拧好螺钉，就成功地安装好主机了。

【提示】为了便利于检查与测试，此时可以不盖上机箱盖。

（3）连接外设

主机安装完成以后，还要将键盘、鼠标、显示器、音箱等设备同主机连接起来。

1）将键盘、鼠标的六芯插头分别接到主机的PS/2插孔上，安装时要注意对好缺口位置，如图2-30所示。由于键盘与鼠标有颜色的区分，一般不会接错，如果键盘与鼠标交换了位置，不会对计算机产生危险，只是键盘与鼠标不起作用，需要关机后重新插好。若为USB接口类型的鼠标则直接接入USB接口。

2）连接好显示器信号线，并拧紧插头上的两颗固定螺栓。

3）同样，连接主机及显示器的电源线。

图2-30   连接键盘与鼠标

【提示】由于还没有安装操作系统，音响设备暂时没有必要接好。

（4）启动计算机

至此，所有的组件都已经安装好了，可以启动计算机了。启动计算机后，听到CPU风扇和主机电源风扇转动的声音，显示器出现开机画面。

 任务小结

通过本任务，掌握了光驱、硬盘、网卡、声卡、键盘及鼠标的安装方法。

对于初学者，没有人可以保证安装中不存在任何问题，为了及时发现问题，最好在开机后立刻观察机箱风扇的运转情况，特别是如果CPU风扇不动，应马上关闭电源。

一般来说，组装计算机按照以下顺序进行。

1）安装机箱：主要是指机箱的拆封以及将电源安装在机箱内。

2）安装CPU：在主板处理器插座上安装所需的CPU，包括安装散热器（风扇）。

3）安装内存条：将内存条插入主板的内存插槽中。

4）安装主板：将主板安装到机箱中。

5）安装显卡：将显卡插入主板的插槽中。

6）安装驱动器：包括硬盘和光驱的安装。

7）安装声卡与网卡：将声卡、网卡装入主板的插槽中（若属于集成主板则没有这步操作）。

8）安装键盘、鼠标：连接键盘、鼠标。

9）安装显示器：连接显示器。

10）给计算机加电，若显示器能够正常显示，则表明初装已经正确。

【注意】进行了上述10步操作，硬件的安装已基本完成，接下来还要进行软件的安装。

11）对硬盘进行分区和格式化。

12）安装操作系统：如Windows 7或者Windows 10操作系统等。

13）安装驱动程序：如主板、显卡、声卡、网卡等驱动程序。

14）安装其他系统程序和应用程序：如Office 2010。

15）进行24h的拷机，如果硬件有问题，则在24h的拷机中会被发现。

 习题

1. 简答题

1）目前哪些厂商能够生产CPU？

2）按插槽类型内存分为哪几类？

3）主板由哪些部分组成？

4）单桥芯片是什么？

5）通常主板上的扩展槽有哪些类型？

2. 单项选择题

1）80486芯片集成了约（　　）万个晶体管。

   A．27.5　　　　　　　B．110　　　　　　　C．320　　　　　　　D．750

2）执行应用程序时，和CPU直接交换信息的部件是（　　）。

　　　　A．软盘　　　　　　　B．硬盘　　　　　　　C．内存　　　　　　　D．光盘

3）LGA1150表示CPU的触点为（　　　）个。

　　　　A．1150　　　　　　　B．2300　　　　　　　C．478　　　　　　　D．775

4）下列存储器中，属于高速缓存的是（　　　）。

　　　　A．EPROM　　　　　　B．Cache　　　　　　C．DRAM　　　　　　D．CD-ROM

5）目前计算机主板广泛采用PCI-E总线，支持这种总线结构的是（　　　）。

　　　　A．CPU　　　　　　　　　　　　　B．主板上的芯片组

　　　　C．显示卡　　　　　　　　　　　　D．系统软件

6）网线一般连接于主板的（　　　）接口。

　　　　A．COM　　　　　　　B．PS/2　　　　　　C．RJ-45　　　　　　D．Line Out

7）采用并口方式的打印机通常连接至主板的（　　　）。

　　　　A．USB接口　　　　　B．COM1接口　　　　C．LPT接口　　　　D．MIDI接口

8）机箱面板上的硬盘指示灯引线连接到主板中标有（　　　）字样的插针上。

　　　　A．HDD LED　　　　　B．Power LED　　　　C．Reset　　　　　　D．Power Switch

3．判断题

1）四个二进制位可表示8种状态。　　　　　　　　　　　　　　　　　　（　　　）

2）主板上的显卡插槽的颜色是白色的。　　　　　　　　　　　　　　　　（　　　）

3）DDR SDRAM和SDRAM在外观上没有区别。　　　　　　　　　　　　（　　　）

4）在计算机组装过程中必须切断电源，保证在无电的情况下组装。　　　　（　　　）

5）连接主板与机箱上的重启按钮线时不必注意方向性，二根线可以交换位置。（　　　）

6）一根SATA数据线只能连接一个SATA硬盘或光驱。　　　　　　　　　（　　　）

7）计算机工作指示灯采用小电珠发光方式，引线与主板连接时没有方向性。（　　　）

8）USB设备具有热插拔功能。　　　　　　　　　　　　　　　　　　　　（　　　）

项目3 | BIOS基本设置

学习目标

1）理解BIOS与CMOS的基本概念。

2）掌握进入、退出CMOS设置的方法；掌握修改与保存CMOS参数的方法。

3）了解光驱知识，掌握光驱工作原理及与分类。

4）掌握装机过程所用基本CMOS参数的设置方法。

任务1　认识CMOS

任务描述

了解CMOS的工作界面，学会如何进入及退出CMOS设置程序。

任务分析

在项目2的实训中，已经掌握了安装计算机硬件的要点，并且成功地点亮了计算机。在安装操作系统之前，需要进行CMOS参数设置。

知识准备

1. BIOS的基本概念

BIOS能为计算机提供最底层、最直接的硬件控制与支持，是联系底层的硬件系统和软件系统的基本桥梁。BIOS ROM芯片一般焊在主板上，上面贴有防伪标志，即可以防止紫外线照射造成内容丢失，又可以让用户很容易辨别属于哪类BIOS。

2. BIOS的组成

（1）POST上电自检程序　　计算机接通电源后，系统将有一个对内部各个设备进行自检的过程，这个过程通常称为POST（Power On Self Test，上电自检）。

（2）CMOS设置程序　　计算机的硬件配置情况存放在一块可擦写的CMOS RAM芯片中，它保存着CPU、内存、硬盘驱动器、显卡等组件的信息。如果CMOS中的硬件配置信息不正确，则会导致系统性能降低甚至无法识别硬件从而引起故障。在BIOS ROM芯片中有一个称为"系统设置程序"的程序，是用来设置CMOS RAM中的参数的。该程序通常通过在启动计算机时按下特殊键（如<Delete>、<F10>键）进入。新装一台计算机时一般都需进行

CMOS设置。

（3）系统自检装载程序　在自检成功后，主板BIOS将读取并执行用户设定的启动盘上的主引导记录，并将其中的引导程序装入内存，使其运行以装载操作系统。

（4）BIOS中断服务程序　BIOS中断服务程序实质上是微机系统中软件与硬件之间的一个可编程接口，主要用于衔接软件程序与计算机硬件。

3．BIOS的功能

BIOS的功能包括自检及初始化、硬件中断处理和程序服务处理三个方面。

（1）自检及初始化　由三个部分组成，主要负责计算机的启动，具体如下：

首先是计算机刚接通电源时对硬件部分的检测，即上电自检，检查计算机是否良好。通常完整的POST自检，包括对CPU、基本内存、扩展内存、ROM、主板、CMOS存储器、串并口、显示卡、硬盘子系统及键盘进行测试，一旦在自检中发现问题，系统将给出提示信息或鸣笛警告。自检中如发现有错误，将按两种情况处理：对于严重故障（致命性故障）则停机，此时由于各种初始化操作还没完成，不能给出任何提示或信号；对于非严重故障则给出提示或声音报警信号，等待用户处理。

其次是初始化，包括创建中断向量、设置寄存器、对一些外部设备进行初始化和检测等，其中很重要的一部分是BIOS设置，主要是对硬件设置的一些参数，当计算机启动时会读取这些参数，并和实际硬件设置进行比较，如果不符合，则会影响系统的启动。

最后是引导操作系统的装载。在完成POST自检后，BIOS将按照用户在CMOS设置中的启动顺序搜索硬盘驱动器、DVD-ROM和网络服务器，启动驱动器，读入操作系统引导记录，如果没有找到，则会在显示器上显示没有引导设备，如果找到引导记录BIOS将系统控制权交给引导记录，并由引导记录完成操作系统的启动。由引导记录把操作系统装入计算机，在计算机成功启动后，BIOS的这部分任务就完成了。

（2）硬件中断处理和程序服务处理　这两部分是两个独立的内容，但在使用上密切相关。

程序服务处理程序主要是为应用程序和操作系统服务，这些服务主要与输入输出设备有关，例如读磁盘、文件输出到打印机等。为了完成这些操作，BIOS必须直接与计算机的输入输出设备打通信，它通过端口发出命令，向各种外部设备传送数据以及从它们那里接收数据，使程序能够脱离具体的硬件操作，而硬件中断处理则分别处理计算机硬件的需求，因此这两部分分别为软件和硬件服务，组合到一起，使计算机系统正常运行。

4．BIOS的分类

目前主板BIOS有三大类型，即AWARD、AMI和PHOENIX三种。AWARD BIOS是由BIOS Software公司开发的产品，AWARD BIOS功能较为齐全，支持许多新硬件，在目前的主板中使用最为广泛。AMI BIOS是由AMI公司开发的，它对各种软、硬件的适应性好，能保证系统性能的稳定。PHOENIX BIOS是Phoenix公司的产品，Phoenix意为凤凰，有完美之物的含义。Phoenix BIOS 多用于高档原装品牌机和笔记本式计算机上，其画面简洁，便于操作。不过，PHOENIX已经合并了AWARD，因此在台式机主板方面，其虽然标有PHOENIX-AWARD字样，其实还是AWARD的BIOS。

5．CMOS概念

CMOS本意指互补金属氧化物半导体，一种大规模应用于集成电路芯片制造的原料，在这里是指微机主板上的一块可读写的RAM芯片，用来保存当前系统的硬件配置和用户对某些参数的设定。CMOS由主板的电池供电，如图3-1所示。即使系统掉电，信息也不会丢失。

图3-1　CMOS电池

由于该电池用于维持CMOS内容以及使计算机的日期、时间参数继续转动，通常称之为CMOS电池。该电池为一个可充式电池，电压为3.6V。

当计算机关机时，由电池放电给CMOS，提供保存CMOS参数及日期与时间计算所需的电能；当计算机开机时，电池充电，CMOS所需电能由计算机提供。

6. CMOS跳线设置

对于目前大多数主板来说，主板都设计有CMOS放电跳线以方便用户清除CMOS参数。如图3-2所示，该跳线一般为三针，通常位于主板CMOS电池插座附近，并附有跳线设置说明。

JP3	CONFIG
1-2	NORMAL
2-3	CLEAR CMOS

图3-2　CMOS跳线设置

正常状态下，应该使CMOS处于正常的使用状态（Normal），跳线帽连接在标识为"1"和"2"的针脚上。

当由于CMOS设置紊乱或者设置了开机密码又不记得等各种原因时，想清除CMOS参数设置值，可以通过将跳线置于"Clear CMOS"位置来实现。具体操作是：关机后，首先用镊子或其他工具将跳线帽从"1"和"2"的针脚上拔出，然后再套在标识为"2"和"3"的针脚上将它们连接起来，由跳线说明可以知道此时处于清除CMOS状态。此时，保存CMOS参数的RAM芯片失去供电，经过短暂的接触后，该芯片上的电能全部释放完毕，原来保存在CMOS中的信息全部无效，从而恢复到主板出厂时的默认设置。

7. BIOS与CMOS的区别

BIOS与CMOS之间既有联系又有区别，正因为如此，初学者经常将两者混淆。

由于BIOS里面装的是系统的重要信息和设置系统参数的设置程序（BIOS Setup程序）；CMOS里面装的是关于系统配置的具体参数，其内容可通过设置程序进行读写。BIOS与CMOS既相关又不同：BIOS中的系统设置程序是完成CMOS参数设置的手段；CMOS RAM既是BIOS设定系统参数的存放场所，又是BIOS设定系统参数的结果。因此才有"通过BIOS设置程序对CMOS参数进行设置"的说法。

8. UEFI

UEFI（Unified Extensible Firmware Interface，统一的可扩展固件接口）是一种详细描述类型接口的标准。这种接口用于操作系统自动从预启动的操作环境，加载到一种操作系统上。UEFI使用模块化设计，它在逻辑上可分为硬件控制和OS软件管理两部分。

与BIOS显著不同的是，UEFI是用模块化、C语言风格的参数堆栈传递方式、动态链接的形式构建系统，它比BIOS更易于容错，纠错特性也更强，从而缩短了系统研发的时间。UEFI内置图形驱动功能，可以提供一个高分辨率的彩色图形环境，用户进入后能用鼠标点击调整配置，一切就像操作Windows系统下的应用软件一样简单。

目前UEFI主要由这几部分构成：UEFI初始化模块、UEFI驱动执行环境、UEFI驱动程序、兼容性支持模块、UEFI高层应用和GUID磁盘分区，运行流程如图3-3所示。

图3-3　UEFI运行流程

1. CMOS设置程序的进入

在开机时按下特定的热键可以进入CMOS设置程序，不同类型主板的计算机进入CMOS设置程序的按键不同，可以通过观看屏幕提示和查看说明书来找到，常见进入CMOS热键有：<F1>、<F2>、<F10>、<F12>、<Delete>键，进入后界面如图3-4所示（以联想主板为例）。

```
                          CMOS Setup Utility

      Main      Devices      Advanced      Power      Security      Startup      Exit

   ▶System   Summary
   ▶System   Time  &   Date
     Machine  Type  and  Model              90CXCT01WW
     System   Brand  ID                     QiTianM4500-N000
     System   Serial  Number               M700XLVX
     System   UUID                          4D84181B7C-7F3A-11E5-972A-CBCF2AE81200
     Ethernet  MAC  Address                 50-7B-9D-43-FC-7F
     BIOS    Revision  Level                FCKT73AUS
     Boot Block Revision  Level             1.73
     BIOS Date  (MM/DD/YY)                  08/28/2015
     License   Status                       NOK
     Language                               [English]

     F1   Help     ↑  ↓  Select  Item     + / -   Change  Values    F 9   Setup  Defaults
     Esc  Exit     ←  →  Select  Menu     Enter   Select  Sub-Menu  F10   Save  and  Exit
```

图3-4　CMOS设置主菜单

2. 主菜单设置

图3-4所示是CMOS设置主菜单，前面有三角形箭头的表示该项包含子菜单，可以通过<←><←>方向键移动选择不同项目。具体介绍如下：

（1）Main（主菜单）　此设定菜单包括显示CPU类型、频率、内存容量、风扇运行情况、MAC地址、BIOS版本等系统信息；设定日期、时间、语言种类。

（2）Devices（设备）　此设定菜单包括常用外围设备的设定，如Serial Port（串行端口）

菜单、USB菜单、ATA Drives菜单、Video（显示）菜单、Audio（音频）菜单、Network（网络）菜单、PCI Express菜单。

（3）Advanced（高级） 此设定菜单包括Intel TXT Information、CPU菜单Intel®HT技术、多核心处理功能、Intel®Virtualization技术、VT-d、C1E支持、Turbo模式、ME固件版本和ISCR配置情况。

（4）Power（电源） 此设定菜单包括电源恢复后的状态、增强的省电模式开启状况和唤醒配置菜单（网卡唤醒、PCI调制解调器唤醒、串口Ring唤醒、PCI设备唤醒、时钟唤醒和用户自定义唤醒）。

（5）Security（安全） 此设定菜单包括管理员密码设置、开机密码设置、智能USB数据保护、系统事件日志、安全启动设置、配置改变检查设置等。

（6）Startup（启动） 此设定菜单包括主要启动顺序、自动启动顺序、出错启动顺序、快速启动等设定。

（7）Exit（退出） 此设定菜单包括保存并且退出，不保存并且退出、加载系统优化值、优化OS初始值等设定。

3. 参数选择与修改方法（快捷键的使用方法）

在介绍具体操作之前，先介绍几个操作按键。

- 方向键（<←><→>）：在菜单中向右、向左移动以选择菜单项目。
- 方向键（<↑><↓>）：在菜单中向上、向下移动以选择子项目。
- +/-：主要用来更改设定数值状态。
- <Enter>：主要用来确定选择。
- <Esc>键：退出CMOS设置。
- <F1>键：打开常规帮助菜单。
- <F9>键：快速恢复默认设置。
- <F10>键：快速保存并退出CMOS设置。

4. 退出BIOS设置

在BIOS设置程序中通常有两种退出方式，当采用保存并退出设置"Save Changes and Exit"方式时，修改好的CMOS值将保存至CMOS RAM中，重启计算机后，采用新的设置值；当采用退出但不保存设置"Discard Changes Exit"方式时，退出设置程序，但修改的参数不保存，因此，重启计算机后，仍采用老的参数值，界面如图3-5所示。

图3-5 退出菜单设置

（1）保存并退出

如果需要保存对CMOS所做的修改，则在"Exit"菜单中将光标移到"Save Changes and Exit"项，按<Enter>键确认弹出如图3-6所示的是否保存并退出的对话框。此时选择"Yes"按<Enter>键确认保存CMOS设置，选择"No"按<Enter>键确认不保存CMOS设置。

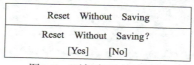

图3-6 保存退出对话框

（2）不保存退出

如果不需要保存对CMOS所做的设置，则在"Exit"菜单中将光标移到"Discard Changes Exit"项，此时将弹出如图3-7所示的对话框，选择"Yes"按<Enter>键确认即可。

Reset Without Saving
Reset Without Saving?
[Yes]   [No]

图3-7 不保存退出对话框

（3）还原默认设置

如果由于误操作过程中需要还原默认CMOS设置，则在"Exit"菜单中将光标移到"Load Optimal Defaults"项，按<Enter>键确认还原CMOS默认设置。

任务2 CMOS基本设置

 任务描述

面对已经安装好硬件的计算机，现在的任务是完成对CMOS主要参数的设置，为硬盘分区及安装操作系统做好准备。

 **任务分析**

通过任务1的练习，已经了解CMOS的工作界面，学会了如何进入及退出CMOS设置程序的方法。在接下来的项目中要进一步学习CMOS中日期、时间参数设置，常用设备参数设置，口令密码设置的方法。

 知识准备

以计算机安装中常用CMOS值为例，结合主菜单栏目讲解设置方法。

1. 修改日期参数

1）在Main主菜单中用上下方向键选择"System Time & Date"项，然后按<Enter>键，进入如图3-8所示的画面。

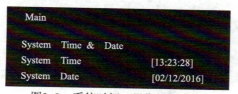

图3-8 系统时间、日期设置菜单

2）图3-8中，通过方向键将光标移动到日期处，按<+>键，增大日期的数字；按<->

键，减小日期的数字，使之达到要求。时间参数修改与此类似。

2. 集成设备设定

在CMOS主菜单中，选择"Devices"（设备设定）子菜单，进入后如图3-9所示。

图3-9　Devices（设备设定）界面

（1）Serial Port Setup（串行端口菜单）控制设置

1）通过<←><→>方向键选择Devices项目。

2）通过上下方向键（<↑><↓>）移动到Serial Port Setup选项，按<Enter>键后效果如图3-10所示。

图3-10　串行端口界面

3）选中"Serial Port1 Setup"，通过<+><->键调整相应串口号参数，按<Enter>键确认修改，如果要停用此端口号，则可以将参数设置为"Disabled"。如果有多个串行端口可以将不同端口号设置为不同参数，以免相互干扰。

● 3F8/IRQ4：指定内置串行口1为COM1且使用3F8/IRQ4地址。

● 2F8/IRQ3：指定内置串行口1为COM2且使用2F8/IRQ3地址。

● 3E8/IRQ4：指定内置串行口1为COM3且使用3E8/IRQ4地址。

● 2E8/IRQ3：指定内置串行口1为COM4且使用2E8/IRQ3地址。

● Disabled：关闭内置串行口1。

（2）USB Setup（USB菜单）控制设置

1）通过<←><→>方向键选择Devices项目。

2）通过上下方向键（<↑><↓>）移动到"USB Setup"选项，按<Enter>键后效果如图3-11所示。

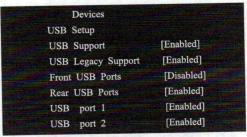

图3-11　USB设置界面

3）USB Support（USB支持）。选项：Enabled/Disabled。选择是否打开或者关闭USB

（通用串行总线）功能，如果此功能关闭，那么所有USB设备都不能使用。

4）USB Legacy Support（传统USB支持）。选项：Enabled/Disabled。开机加电自检中支持USB设备，一般启用，但是在USB出现莫名的故障时，可以尝试禁用此选项，通过禁用BIOS中的"USB Legacy Support"，可以解决Windows下的大部分USB故障。

5）Front USB Ports（前置USB调试端口）。选项：Enabled/Disabled。选择是否打开或者关闭前置USB端口，如果此功能关闭，那么前置USB设备将无法使用，通常开启此项功能。

6）Rear USB Ports（后置USB调试端口）。选项：Enabled/Disabled。选择是否打开或者关闭后置USB端口，如果此功能关闭，那么后置USB设备将无法使用，通常开启此项功能。

7）USB port 1（USB端口1）。选项：Enabled/Disabled。选择是否打开或者关闭USB端口1，如果此功能关闭，那么连接此端口的USB设备不可以使用。

8）USB port 2（USB端口2）。选项：Enabled/Disabled。选择是否打开或者关闭USB端口2，如果此功能关闭，那么连接此端口的USB设备不可以使用。

（3）SATA控制设置

当前SATA接口已普遍应用于硬盘和光驱接口，为了使后面的操作能顺利进行，必须将该接口设置为打开，具体操作如下。

1）以相同的方法进入标准CMOS设置菜单，通过<←><→>键选择Devices项目。

2）通过<↑><↓>键移动到ATA Drives Setup选项，按<Enter>键后效果如图3-12所示。

图3-12　ATA设备接口设置菜单

3）通过方向键选中"SATA Controller"，使用<+><->键将值调整为"Enabled"，按<Enter>键确认修改，同时自动返回设置菜单。效果如图3-13所示。

ATA Drives Setup	
SATA Controller	[Enabled]
SATA Drive 1	[Enabled]
SATA Drive 2	[Enabled]
Hot Plug	[Disabled]
SATA Drive 3	[Enabled]

图3-13　ATA Drives Setup设置界面

通过此界面可以查看计算机中已有的SATA接口数，通过<↑><↓>键和<+><->键可以设置SATA接口相应参数，关闭不使用的接口。

（4）Video Setup（显示菜单）

此项目可配置系统的显示设备，选择优先使用哪个设备作为视频输出。选项：Auto（默认）/IGD（板载显示设备）/PEG（PCI-E显示设备）。

（5）Audio Setup（音频菜单）

此项目可配置系统的音频设备，选择是否打开板载音频功能。选项：Enabled/Disabled。

（6）Network Setup（网络菜单）

此项目可配置系统的网络设备。有两个子菜单：板载网卡控制功能（用于选择是否打开板载网卡功能），选项：Enabled/Disabled；启动代理（选择是否关闭加载PXE启动代理功能），选项：PXE/Disabled。

（7）PCI Express Configuration（PCI—Express 菜单）

此项目设置PCI总线，用于选择PCI—Express端口速度，选项有：AUTO/Gen1/Gen2/Gen3。

3. 设置CMOS密码

（1）设置管理员密码

首先，在标准CMOS设置菜单中将光标定位到"Security"安全选项，界面如图3-14所示。然后，通过<↑><↓>键移动到"Set Administrator Password"选项，按<Enter>键后弹出一个输入密码的提示框，如图3-15所示，输入两遍密码后按<Enter>键，超级用户密码便设置成功。

```
                    Security
Administrator  Password            Not Installed
Power-On  Password                 Not Installed
Set Administrator  Password        Enter
Set Power-On  Password             Enter
```

图3-14 安全选项菜单设置

```
Set   Administrator  Password

Enter New Password
[                    ]
Confirm  New  Password
[                    ]
```

图3-15 管理员密码输入对话框

通过"Administrator Password"选项值可以查看管理员密码设置成功与否，当值为"Not Installed"时，表示密码设置不成功，当值为"Installed"时表示密码设置成功。

取消密码设置，方法与设置密码类似，只需在输入密码时按3次<Enter>键跳过即可。

（2）设置开机密码

通过↑↓键移动到"Set Power-On Password"选项，按<Enter>键后弹出一个输入密码的提示框，如图3-16所示，输入两遍密码后按<Enter>键，开机密码便设置成功。

```
Set  Power-On  Password
Enter New Password
[                    ]
Confirm  New  Password
[                    ]
```

图3-16 开机密码输入对话框

通过"Power-On Password"选项值可以查看开机密码设置成功与否，当值为"Not Installed"时，表示密码设置不成功，当值为"Installed"时表示密码设置成功。

取消密码设置，方法与设置密码类似，只需在输入密码时按3次<Enter>键（不键入任务字符）跳过即可。

尽管BIOS类型及版本不同，菜单及选项参数等表现形式存在差异，但是其基本内容大同小异。仔细阅读主板说明书是完成CMOS设置的关键，也是从事组装与维修的基础。

任务3　设置启动装置顺序

 任务描述

面对已经安装好硬件的计算机，现在的任务是完成对计算机设备启动顺序的设置，为硬盘分区及安装操作系统做好准备。

 任务分析

通过前面的学习，已经掌握了CMOS参数基本设置，对计算机硬件及性能已经有了大概的了解，大家肯定急于想安装操作系统，但要完成计算机硬盘的分区及操作系统的安装正确引导操作系统的运行，启动顺序设置关系重大。

 知识准备

1. 光盘与光盘驱动器

随着技术的发展，人们对于存储容量的要求也越来越高。CD由于容量的限制已经难以满足用户的需要，因此DVD已经成为了目前的主流。

DVD（Digital Video Disc，Digital Versatile Disc，数字视频光盘或数字多用途的光盘）是一种光盘存储器，通常用来播放标准电视机清晰度的电影、高质量的音乐与作大容量数据存储用途。

DVD光盘与CD光盘的外观极为相似，如图3-17所示。它们的直径都是120mm左右。DVD光盘存储容量大、价格便宜、保存时间长，适宜保存大量的数据，如：声音、图像、动画、视频信息、电影等多媒体信息。

图3-17　光盘

DVD的光驱可以读取CD的碟片，而CD的光驱不能读取DVD的碟片。刻录机也是一样的道理，都是向下兼容，而不向上兼容。现在配置计算机，一般用的都是DVD光驱。

DVD光盘可分为预录式光盘和可录式光盘两大类。

DVD-ROM格式是DVD家族中最基本的格式。DVD-ROM是数据型光盘，它的容量是

CD-ROM容量的7倍，数据传输速率则是CD-ROM的9倍。它被广泛应用于计算机领域。DVD-ROM的文件系统采用UDF和ISO 9660标准，与计算机的操作系统兼容，它在数据存取、多媒体、计算机游戏方面有广泛应用。

可录光盘分为一次写入和可擦写两种类型。一次写入型有DVD-R、DVD+R。可擦写型有DVD-RAM、DVD-RW、DVD+RW。

DVD-ROM的容量不是固定的，常用的单面DVD盘片容量为4.7GB，最多能刻录约4.59GB的数据，双面DVD盘片容量为8.5GB，蓝光DVD盘片的容量则比较大，其中HD DVD单面单层盘片容量为15GB、双层盘片容量为30GB；BD单面单层盘片容量为25GB、双面盘片容量为50GB、三层盘片容量为75GB、四层盘片容量为100GB。

2. 光盘驱动器工作原理

光盘驱动器是一个结合光学、机械及电子技术的产品。激光头是光驱的中心部件，光驱都是通过它来读取数据的。激光光源来自于一个激光二极管，它可以产生波长约0.54～0.68μm的光束，经过处理后光束更集中且能精确控制，光束首先照射在光盘上，再由光盘反射回来，经过光检测器捕获信号。光盘上有两种状态，即凹点和空白，它们的反射信号相反，很容易经过光检测器识别。检测器所得到的信息是光盘上凹凸点的排列方式，驱动器中有专门的部件把它转换并进行校验，然后得到实际数据。光盘在光驱中高速转动，激光头在伺服电机的控制下前后移动读取数据。

由于光盘表面是以突起不平的点来记录数据，所以反射回来的光线就会射向不同的方向。当激光束照射到凹槽边时反射光强弱发生变化，读出的数据为"1"，当激光束照射到凹槽底时反射光强弱没有发生变化，读出的数据数为"0"，如图3-18所示。

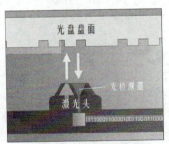

图3-18　光驱工作原理图

DVD-ROM驱动器的结构与CD-ROM驱动器的结构基本相同，只是DVD光盘的记录凹坑比CD-ROM更小，且螺旋存储凹坑之间的距离也更短。DVD盘片上存放数据信息的凹坑非常小，而且非常紧密，最小凹坑长度仅为0.4μm，每个凹坑间的距离只是CD-ROM盘片的50%，并且轨距只有0.74μm。

3. 光驱的分类

（1）按数据速率分　DVD-ROM的基本数据传输速率是1358kB/s，根据DVD-ROW驱动器读取数据的速度，可将其分为8速、18速、20速和24速等，即8X、18X、20X和24X等。

（2）按安放位置分　根据光驱的安放位置可分为内置式光驱和外置式光驱，内置式光驱装在机箱内部，不占用外部空间；外置式光驱单独放在机箱外面，如常用的USB外接光驱等。

（3）按接口类型分　根据接口类型主要分为IDE、SATA、USB、IEEE 1394口与SCSI五种，IDE接口型以前较为普遍，现已不常用；SATA接口型是当前光驱的主要接口类型；

USB接口型主要用于外接光驱上；SCSI接口型用于服务器中。

4. DVD-ROM的使用

由于生产厂家及规格品牌的不同，不同类型的DVD-ROM驱动器面板各部分的位置可能会有差异。常用按钮和插孔基本相同，各部分名称及作用如图3-19所示。

图3-19　光驱面板

打开/关闭按钮：此按钮可以打开或关闭光盘托盘。

工作指示灯：该灯亮时，表示驱动器正在读取数据，不亮时，表示驱动器没有读取数据。

紧急弹出孔：当停电时，插入曲别针，能够推出光驱托盘。

 任务实施

计算机系统启动时会根据启动次序首先从第一启动设备中读取启动所需的系统文件，如果从第一启动设备启动失败，则读取第二启动设备，以此类推。

下面就以DVD设备为第一启动项，硬盘设备为第二启动项为例，介绍如何调整设备启动顺序的方法。

1. 菜单选择

在主菜单中通过左右方向键选择"Startup"选项后按<Enter>键，进入了"启动"功能设定界面如图3-20所示。

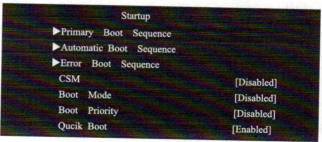

图3-20　启动功能菜单设置

2. 设置设备启动顺序

进入"Startup"启动功能设定界面后，通过上下方向键（<↑><↓>）移动到"Primary Boot Sequence"选项，按<Enter>键后，出现如图3-21所示的界面。

图3-21　设备启动顺序选择界面

如果要将光驱设置为第一启动设备，移动硬盘设置为第二启动设备，硬盘设置为第三启动设备，则只要通过<↑><↓>键选中"SATA2: TSSTcorpDVD-ROM TS-H353B USB HDD"，按<+>键将光驱移动到最上面，默认也就将光驱调整为第一启动设备，原来的设备依次下移，调整为第二、第三启动设备。按<->键将设备启动顺序下移，效果如图3-22所示。

```
                    Startup
SATA2: TSSTcorpDVD-ROM TS-H353B  USB  HDD
USB  FDD:
SATA  1: WDC  WD10E2EX-08Y20A0
Network  1:  Realtek   PXE  B03   D00
```

图3-22　调整启动顺序

完成将光驱设置为第一启动设备后，照此办法，可将U盘设置为第二启动设备，硬盘设置为第三启动设备。

3. Qucik Boot快速引导设置

常规的开机设置，每次都要检测硬件信息，为了缩短启动时间，一般将COMS中的"Qucik Boot"选项开启（见图3-20），这样计算机在启动时不进行全面自检，从而加速系统启动速度。

🌐 技能拓展

1. 拓展目的

理解BIOS的基本功能，掌握修改CMOS基本参数的方法，为安装操作系统打下扎实的基础。

2. 拓展内容

1）掌握进入、退出BIOS的方法。

2）修改系统日期与时间参数。

3）检测并设置ATA接口设备。

4）设置管理员及开机密码。

5）设置系统启动设备次序。

3. 实训设备及工具

项目2实训中安装好全部硬件的计算机，启动光盘或启动U盘。

4. 实训步骤

1）在关机状态，清除CMOS值。

2）启动计算机后，根据提示进入BIOS设置程序，熟悉主菜单与子菜单的组成。

3）将日期与时间调整至当前值，保存参数并退出BIOS设置程序。

4）正确设置ATA设备，并检测ATA接口上连接的实际设备。

5）将第一启动装置设置为光驱、第二启动装置设置为移动U盘、第三启动装置设置为硬盘，并将启动光盘放入相应驱动器。重启计算机，观察启动过程。取出启动光盘，重启计算机，再次观察启动过程。

6）检查内存与CPU相关资料。

7）设置用户及管理员密码。

5. 实训记录

将CMOS参数设置情况记录在表3-1中。

表3-1　CMOS参数设置记录

BIOS资料	生产厂商		版本号	按何键进入
主菜单组成				
密码设置	用户密码		管理员密码	
启动装置次序	第一启动	第二启动	第三启动	备　注
内存与CPU	内存容量	CPU工作频率	外频	倍频
技巧小结				

习题

1. 简答题

1）BIOS由哪几个模块组成？其基本功能是什么？

2）设置ATA接口的目的是什么？

3）CMOS管理员密码与开机密码的区别是什么？

4）DVD光盘的分类有哪些？

5）简述光驱的工作过程？光驱紧急弹出孔的功能是什么？

2. 填空题

1）主板上目前采用的BOIS主要有_____、_____和AMI三大种类。

2）目前最常用的DVD光盘的尺寸是_____in，容量为_____MB。

3）DVD-R，DVD-RW和DVD-RAM是_____制订的格式，DVD+R和DVD+RW是_____制订的格式。

4）按照接口类型，光驱可分为_____、_____和SATA三种类型。

3. 单项选择题

1）对于BIOS的主要组成与功能，下列描述中错误的是（　　）。

    A．CPU中断服务程序　　　　　　　B．系统CMOS设置

    B．POST上电自检　　　　　　　　　D．操作系统

2）光盘是（　　）。

    A．计算机的内存储器　　　　　　　B．计算机的外存储器

    C．海量存储器　　　　　　　　　　D．备用存储器

3）下列哪种是预录式DVD光盘（　　）。

    A．DVD-RAM　　　B．DVD-ROM　　　C．DVD-RW　　　D．DVD+RW

4）下列哪种光驱接口类型是目前主流的接口类型（　　）。

    A．IDE　　　　　　B．COM　　　　　C．SATA　　　　D．SCICS

5）DVD-ROM的基本数据传输速率是（　　）。

    A．150kB/s　　　B．1 358kB/s　　　C．3 000kB/s　　　D．12 000kB/s

6）一张单面单层DVD-ROM盘片可存放的容量是（　　）。

    A．640MB　　　　B．1024MB　　　　C．4.7GB　　　　D．8.5GB

项目4　硬盘与硬盘分区

学习目标

1) 了解硬盘结构与工作原理。
2) 掌握硬盘主要技术参数，了解硬盘存储数据格式。
3) 掌握使用DiskGenius软件对硬盘进行分区和格式化的方法。
4) 掌握应用硬盘管理软件管理硬盘的技能。

任务1　认 识 硬 盘

任务描述

观察硬盘外形，掌握外部结构，通过标签及自动检测获得硬盘技术参数。进一步巩固及掌握硬盘的安装方法。

任务分析

硬盘作为主要的外存储器，在计算机系统中得到广泛的应用，地位举足轻重。正确认识硬盘将在硬件安装、软件安装及维护中发挥重要作用。

知识准备

1. 硬盘概述

硬盘是计算机中最重要的外存储器，以磁体为介质，用来存储计算机的操作系统、应用程序和用户文件，具有信息存储量大，读写速度和传输速度快等特点。

传统硬盘从发明至今已有近60年的历史，而1973年IBM推出了Winchester硬盘，首次采用Winchester密封结构，这是现代硬盘的原型。目前硬盘技术呈现大容量（TB级）、高速度（转速在1万转以上，数据传输速率在Gbit/s级）、小型化（2.5in以下）等趋势。

除了传统机械硬盘外，近年来出现的固态硬盘（Solid State Drives）广受关注。固态硬盘，简称固盘，是用电子存储芯片阵列制成的"硬盘"，由控制单元和存储单元（FLASH芯片或DRAM芯片）组成。固态硬盘在接口的规范和定义、功能及使用方法上与普通硬盘的完全相同，在产品外形和尺寸上也与普通硬盘一致。

与传统硬盘相比，固态硬盘具有读写速度快、防振抗摔性强、功耗低、无噪声以及体积小、重量轻等优点，常在个人计算机中被用于安装操作系统。相比传统硬盘，其不足之处在于容量小、价格高、寿命短，一旦坏了，将面临存储的数据无法找回的窘境。本项目中如果没有特别说明，硬盘均指传统硬盘。

2．硬盘的外观

硬盘是计算机中最重要的外部存储设备，用户所使用的应用程序、数据和文档几乎都存储在硬盘上。常见的硬盘有为3.5in和2.5in两种，盘片密封在金属盒内，如图4-1所示。主要分以下三个方面：

（1）标签面板　　硬盘的顶部贴有一张产品标签，标明与硬盘相关的信息，如品牌、型号、产地、序列号等。

（2）控制电路板　　在硬盘的底部，大多数的控制电路板都采用贴片式焊接，它包括主轴调速电路、磁头驱动与伺服定位电路、读写电路、控制与接口电路等。在电路板上还有一块ROM芯片，里面固化的程序可以进行硬盘初始化。在电路板上还安装有容量不等的高速数据缓存芯片，以提高硬盘的读写速度。

图4-1　硬盘的外观

（3）接口部分　　接口包括电源接口插座和数据接口插座两部分。其中电源插座与电路板相连接，由主机电源为硬盘主轴电机和控制电路提供电力支持。数据接口插座则是硬盘数据与主板控制芯片之间进行数据传输交换的通道，使用时是用一根数据电缆将其与主板上硬盘接口或与其他控制适配器的接口相连接实现数据的传输。数据接口主要分成IDE接口、SATA接口和SCSI接口三大类。IDE接口和SATA接口外观如图4-2和图4-3所示。目前，IDE接口已经逐步被性能更优的SATA接口所代替，SCSI接口也被SAS接口所代替。

图4-2　IDE接口外观

图4-3　SATA接口外观

对于IDE接口和SCSI接口的硬盘，还设置了跳线器。对于IDE硬盘，主要设置是作为主盘（Master）还是从盘（Slave），生产厂商将跳线设置图标注在标签上，如图4-4所示；对SCSI硬盘，则是设置ID号和终端电阻等。而SATA接口和SAS接口的硬盘是串行接口，属点对点设备，故没有跳线装置。

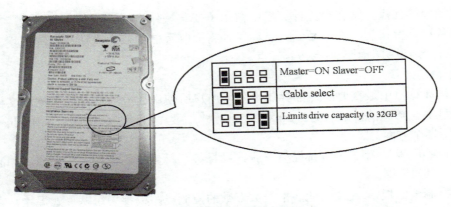

图4-4 IDE硬盘跳线设置图

3．硬盘的结构和工作过程

从结构上来说，硬盘由外部的盘体、电路板和内部的电动机械部分组成。硬盘外部有盘体、电路板、主控制芯片、电机驱动芯片、缓存芯片和硬盘接口。而内部则分别由浮动磁头组件（包括读写磁头、磁头臂、传动轴三个部分）、磁头驱动机构（内部前置控制磁头激励电路）、磁盘盘片和主轴组件组成，如图4-5所示。浮动磁头组件是硬盘的核心，密封安装在硬盘的净化腔体内。

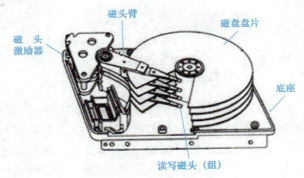

图4-5 硬盘内部结构示意图

平整光滑的表面镀有磁性材料的金属盘片组固定在电机主轴上。工作时，盘片组在电机的带动下高速旋转，磁头在磁头驱动机构的控制下沿盘片径向作移动，浮于盘面上方呈飞行状态，不与盘片直接接触。依靠磁头与盘片间的微小间隙（几十微米）将磁盘上的磁场感应到磁头上（读取）或将磁头上的磁场磁化磁盘表面（写入）。

4．接口类型

目前常见的硬盘的接口主要分为IDE、SCSI、SATA和SAS等。

IDE接口都是双通道的，也就是一个IDE接口能接两个IDE设备。如果在一条数据线上接两个IDE设备，则必须设置IDE设备的"主从"关系，否则它们将不能正常工作。所有IDE设备（硬盘、光驱等）都使用一组跳线来确定设备安装后的主、从状态，跳线大多设置在电源接口和数据线接口之间。

对于SATA接口和SAS接口硬盘，由于采用了点对点的连接方式，主板上每个SATA接口或SAS接口只能连接一块硬盘，因此不必像并行硬盘那样设置"主从"跳线了。

5．硬盘的主要技术参数

（1）容量　　容量是硬盘最重要的技术参数，决定着硬盘数据存储量的大小。现在，一般硬盘厂商定义的容量单位1GB=1000MB，而系统定义的1GB=1024MB，所以硬盘格式化后的容量略低于硬盘的标称容量，属于正常现象。目前快速发展的硬盘制造技术容量使硬盘容量越来越大，常见的容量为320GB、500GB、1TB、2TB甚至更高等。

（2）转速　　转速是指硬盘内电机的主轴旋转速度，也就是硬盘盘片在一分钟内所能完成的最大转数。转速的高低是衡量硬盘档次的重要参数之一，它是决定硬盘内部传输率的关键因素之一。硬盘的转速越高，硬盘寻找文件的速度也就越快，相对的硬盘内部传输速度也就得到了提高。硬盘转速以每分钟多少转来表示，单位为转/分钟（r/min），其值越大，硬盘的整体性能也就越好。

台式计算机上使用的硬盘，转速一般有5400r/min和7200r/min两种，其中7200rpm高转速硬盘是台式机的首选；而笔记本式计算机上使用的硬盘，转速则以4200r/min和5400r/min为主；服务器对硬盘性能要求最高，服务器中使用的SCSI/SAS硬盘转速基本都采用10000r/min，甚至还有15000r/min的，性能要超出个人计算机和笔记本式计算机用硬盘很多。对于固态硬盘而言，是使用闪存颗粒制作而成，内部不存在任何机械部件，所以也就不存在转速这个参数了。

（3）缓存　　硬盘的缓存是硬盘控制器上的一块存储芯片，具有极快的存取速度，它是硬盘内部存储和外界接口之间的缓冲器。由于硬盘的内部数据传输速度和外界接口传输速度不同，缓存在其中起到一个缓冲的作用。缓存的容量与速度是直接关系硬盘数据传输率的重要因素。提高缓存的容量和速度，能够大幅度地提高硬盘整体性能。

从理论上讲，缓存的容量越大越好，但鉴于制造成本，目前16MB和32MB缓存是现今主流硬盘所采用的，而在服务器或特殊应用领域中需要缓存容量更大的产品，达到了64MB甚至128MB。

（4）数据传输速率　　硬盘的数据传输速率是衡量硬盘速度的一个重要参数，它与硬盘的转速、缓存、接口类型、系统总线类型都有很大的关系，单位为MB/s或Mbit/s。

数据传输速率分为内部数据传输速率和外部数据传输速率。内部数据传输速率是磁头到硬盘的高速缓存之间的数据传输速率，内部传输速率可以明确表现出硬盘的读写速度，它的高低才是评价一个硬盘整体性能的决定性因素，它是衡量硬盘性能的真正指标，一般取决于硬盘的盘片转速和数据线密度。外部传输速率指从硬盘缓冲区读取数据到内存的速率，它与硬盘的接口类型是直接相关的，因此硬盘外部传输速率常以数据接口速率代替。

IDE接口硬盘的最大外部传输率是133MB/s，已逐渐淘汰。目前广泛使用的SATA硬盘，采用点对点的方式实现了数据的分组传输从而带来更高的传输效率，Serial ATA 1.0版本的硬盘数据传输速率就达到1.5Gbit/s，Serial ATA 2.0和3.0版本的硬盘最大数据传输率分别是3.0Gbit/s和6.0Gbit/s。目前，SAS接口硬盘的最大数据传输率主要是3Gbit/s、4Gbit/s和6Gbit/s。

（5）磁头数　　硬盘磁头是硬盘读/写数据的关键部件，它的主要作用就是将存储在硬盘盘片上的磁信息转化为电信号向外传输，或将来自接口的电信号转化为磁信息磁化盘片上的存储单元。而它的工作原理则是利用特殊材料的电阻值会随着磁场变化的原理来读写盘片上的数据，磁头的好坏在很大程度上决定着硬盘盘片的存储密度。硬盘的磁头数取决于硬盘中的盘片数及存储数据的盘面数量。通常，一张盘片正反两面都可以存储数据，这时一张盘片需要两个磁头才能完成对两个盘面的读写。比如总容量80GB的硬盘，采用单碟容量80GB的盘片，那只有一张盘片，该盘片正反面都有数据，则对应两个磁头；而同样总容量120GB的硬盘，采用二张盘片，则只有三个磁头，其中一张盘片的一面没有磁头。

（6）平均寻道时间　平均寻道时间是标志硬盘性能至关重要的参数之一。它是指硬盘在接收到系统指令后，磁头从开始移动到移动至数据所在的磁道所花费时间的平均值，它一定程度上体现硬盘读取数据的能力，是影响硬盘内部数据传输速率的重要参数，单位为毫秒（ms）。不同品牌、不同型号的产品其平均寻道时间也不一样，但这个时间越小，则产品越好，现今主流硬盘产品的平均寻道时间都在在8～10ms左右。

 任务实施

1．准备工作

- SATA硬盘　　　1块
- 固态硬盘　　　1块
- SATA数据线　　1根

2．实施步骤

1）将硬盘从台式计算机中拆下固定螺钉并取出，观察外形、读懂标签上的文字说明，记录相应参数、画出接口示意图。

2）安装SATA硬盘。

①连接数据线。SATA数据线一端接在硬盘数据端，一端接到主板SATA接口上。

②连接电源线。通过专用电源转接线，把电源线接到硬盘上的电源接口。

3）自动检测硬盘参数。

启动计算机，利用BIOS设置程序中的自动检测功能检测硬盘参数，并做好记录。

3．实训记录

1）画出SATA硬盘接口示意图。

2）将硬盘参数记录在表4-1中。

表4-1　硬盘参数

参 数 名 称	品　牌	型　号	硬 盘 容 量	接 口 类 型
参数值				
参数名称	磁头数量	柱面数量	扇区数量	缓存容量
参数值				

 知识链接

1．RAID技术

RAID技术是目前高可靠性系统中广泛使用的硬盘应用技术。RAID（Redundant Arrays of Independent Disks，廉价冗余磁盘阵列）最初研制目的是为了组合小的廉价磁盘来代替大的昂贵磁盘，以降低大批量数据存储的费用，同时也希望采用冗余信息的方式，使得磁盘失效时不会使对数据的访问受损失，从而开发出一定水平的数据保护技术，并且能适当提升数据传输速度。

过去RAID一直是高档服务器才使用，一直作为高档SCSI硬盘配套技术作应用。RAID技术有多种模式，近来随着技术的发展和产品成本的不断下降，IDE硬盘性能有了很大提升，加之RAID芯片的普及，使得RAID也逐渐在个人计算机上得到应用，目前常用的有RAID0、RAID1、RAID0+1三种模式。

（1）RAID0　RAID0是一种最简单的硬盘阵列，它是将多个磁盘并列起来，成为一个大的逻辑硬盘。在存放数据时，其将数据按磁盘的个数来进行分段，然后同时将这些数据写进这些磁盘中。该模式下，对硬盘的读写操作由各硬盘分担。所以，在所有的模式中，RAID0的速度是最快的。但是RAID0没有冗余功能，如果一个磁盘（物理）损坏，则所有的数据都无法使用。

（2）RAID1　与速度快的RAID0相比，RAID1是以稳定安全为前提。它用两组相同的磁盘系统互作镜像，速度没有提高，但是允许单个磁盘出错或损坏，可靠性最高。其镜像原理是在主硬盘上存放数据的同时也在镜像硬盘上写一样的数据。当主硬盘（物理）损坏时，镜像硬盘则代替主硬盘的工作。因为有镜像硬盘做数据备份，所以RAID 1的数据安全性在所有的RAID级别上来说是最好的。但是其磁盘的利用率却只有50%，是所有RAID模中磁盘利用率最低的一个模式。

（3）RAID0+1　把RAID0和RAID1技术结合起来，即RAID0+1。该种模式的数据除分布在多个盘上外，每个盘都有其物理镜像盘，提供全冗余能力，允许一个以下磁盘故障，而不影响数据可用性，并具有快速读/写能力。但要求至少4个硬盘才能配成RAID0+1。

2. 硬盘存储数据结构

硬盘上存储的数据按照其不同的特点和作用，大致分布在5个不同的区域，分别为MBR区、DBR区、FAT区和备份FAT区、DIR区和DATA区，如图4-6所示。

图4-6　硬盘存储数据结构示意图

（1）MBR区　MBR（Main Boot Record，主引导记录区）位于整个硬盘的0磁道0柱面1扇区。总共512字节，最后两个字节"55H，AAH"，是该区的结束标志。这个区域构成了硬盘的主引导扇区。

主引导记录中包含了硬盘的一系列参数和一段引导程序。其中的硬盘引导程序的主要作用是检查分区表是否正确并且在系统硬件完成自检以后引导具有激活标志的分区上的操作系统，并将控制权交给启动程序。MBR区是由分区程序（如Fdisk、PM等）所产生的，它不依赖任何操作系统，而且硬盘引导程序也是可以改变的，从而实现多系统共存。

（2）DBR区　DBR（Dos Boot Record，操作系统引导记录区）通常位于硬盘的0磁道1柱面1扇区，是操作系统可以直接访问的第一个扇区，它包括一个引导程序和一个被称为BPB（Bios Parameter Block）的本分区参数记录表。引导程序的主要任务是当MBR将系统控制权交给它时，判断本分区根目录的前两个文件是不是操作系统的引导文件（以DOS为例，即是IO.SYS和MSDOS.SYS）。如果确定存在，就把其读入内存，并把控制权交给该文件。BPB参数块记录着本分区的起始扇区、结束扇区、文件存储格式、硬盘介质描述符、根目录大小、FAT个数、分配单元的大小等重要参数。

（3）FAT区　　在DBR之后的是FAT（File Allocation Table，文件分配表）区。硬盘上的同一个文件的数据并不一定完整地存放在磁盘的一个连续的区域内，而往往会分成若干段，以簇为单位，像一条链子一样存放，这种存储方式称为文件的链式存储。为了实现文件的链式存储，硬盘上必须准确地记录哪些簇已经被文件占用，还必须为每个已经占用的簇指明存储后继内容的下一个簇的簇号，对一个文件的最后一簇，则要指明本簇无后继簇。这些都是由FAT表来保存的，表中有很多表项，每项记录一个簇的信息。FAT的格式有多种，最为常见的是FAT16和FAT32，其中FAT16是指文件分配表每个表项使用16位二进制数字，由于16位分配表最多能管理65 536即2^{16}个簇，而每个簇的存储空间最大只有32KB，所以在使用FAT16管理硬盘时，每个分区的最大存储容量只有（65 536×32 KB）即2048MB，也就是常说的2GB。现在的硬盘容量是越来越大，由于FAT16对硬盘分区的容量限制，所以当硬盘容量超过2GB之后，用户只能将硬盘划分成多个2GB的分区后才能正常使用，为此微软公司从Windows 95 OSR2版本开始使用FAT32标准，即使用32位的文件分配表来管理硬盘文件，这样系统就能为文件分配多达4 294 967 296即2^{32}个簇，所以在簇同样为32KB时每个分区容量最大可达65GB以上。

由于FAT对于文件管理的重要性，所以FAT有一个备份，即在原FAT的后面再建一个同样的FAT。

（4）DIR区　　DIR（Directory）是根目录区，紧接着第二FAT表（即备份的FAT表）之后，记录着根目录下每个文件（目录）的起始单元、文件的属性等。定位文件位置时，操作系统根据DIR中的起始单元，结合FAT表就可以知道文件在硬盘中的具体位置和大小了。

（5）DATA区　　DATA区即数据区，是真正意义上的数据存储的地方，位于DIR区之后，占据硬盘的大部分存储空间。

任务2　硬　盘　分　区

任务描述

了解硬盘分区的概念，掌握使用DiskGenius程序对硬盘进行分区和格式化。

任务分析

新出厂的硬盘并不能直接用于存储文件，而是首先需要在硬盘上建立文件存储系统。这个过程就是硬盘分区和格式化。传统的硬盘分区程序包括Disk Manager（DM）、Fdisk，目前普遍使用Partition Magic和DiskGenius分区程序，在这里学习用DiskGenius对硬盘进行分区和格式化。

知识准备

1. 分区概念

硬盘分区通常分为三类：主分区、扩展分区和逻辑分区。一个硬盘的主分区也就是包含操作系统启动所必需的文件和数据的硬盘分区，要在硬盘上安装操作系统，则该硬盘必须得有一个主分区。扩展分区也就是除主分区外的分区，在建立主分区之后建立，而且它不能直接使用，必须再将它划分为若干个逻辑分区才可以存放文件。

常见的分区模式为一个主分区和一个扩展分区，扩展分区上有若干个逻辑分区，主分区为C盘，逻辑分区为D、E、F等盘，如图4-7所示。

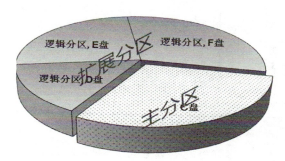

图4-7　硬盘分区示意图

不管使用哪种分区软件，在给新硬盘上建立分区时都要遵循以下的顺序：建立主分区→建立扩展分区→建立逻辑分区→激活主分区→格式化所有分区。

2. DiskGenius功能

DiskGenius是一款磁盘分区及数据恢复软件。除具备基本的建立分区、删除分区、格式化分区等磁盘管理功能外，还提供了强大的已丢失分区恢复功能（快速找回丢失的分区）、误删除文件恢复、分区被格式化及分区被破坏后的文件恢复功能、分区备份与分区还原功能、复制分区、复制硬盘功能、快速分区功能、检查分区表错误与修复分区表错误功能、检测坏道与修复坏道的功能。提供基于磁盘扇区的文件读写功能。支持IDE、SCSI、SATA等各种类型的硬盘，及各种U盘、USB移动硬盘、存储卡（闪存卡）。支持FAT12、FAT16、FAT32、NTFS、EXT3文件系统。

任务实施

1. 准备工作

1）准备好一台配有光驱或可以从U盘启动的计算机，用于执行分区操作。

2）将硬盘装入该计算机，连接好硬盘电源接口与数据接口。

3）准备启动光盘或U盘，包含有DiskGenius程序。

4）启动计算机，进入BIOS设置程序，并利用检测功能检查硬盘信息。

2. 硬盘分区的顺序

可以对新硬盘进行分区，也可以对使用过的旧硬盘进行分区。新、旧硬盘在分区时的顺序略有不同，见表4-2。

表4-2　硬盘分区的步骤

硬盘类型	步　骤	内　　容
新硬盘	1	建立主分区
	2	建立扩展分区
	3	在扩展分区上建立若干个逻辑分区
	4	激活主分区
旧硬盘	1	删除所有扩展分区上的逻辑分区
	2	删除扩展分区
	3	删除主分区
	4	建立主分区
	5	建立扩展分区
	6	在扩展分区上建立若干个逻辑分区
	7	激活主分区

3．新硬盘分区

目前由于硬盘容量较大，建议将硬盘划分为C、D、E、F四个或更多磁盘分区，C盘用于安装操作系统；D盘用于安装应用软件；E盘用于保存用户数据；F盘作为备份盘用来保存系统备份、应用软件和驱动程序等安装程序。

下面对标称容量为320GB的新硬盘进行分区操作，准备安装的操作系统为Windows 7，具体分区规划是：主分区（C盘）容量100GB，其余为扩展分区，扩展分区中逻辑盘D盘容量为120GB，E盘为60GB，F盘为剩余容量。

（1）启动 DiskGenius程序

准备一张工具盘，如光盘，其中包含系统启动程序和DiskGenius分区软件。

1）启动计算机并进入BIOS设置，设第一启动装置为DVD-ROM并将启动光盘放入光驱。

2）保存CMOS设置，从光盘启动计算机。

3）在光盘启动菜单中选择硬盘分区工具，进入DiskGenius主程序。

4）在DiskGenius主程序窗口中可以看到如图4-8所示的当前硬盘的信息。

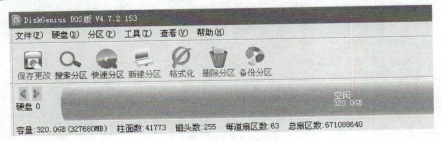

图4-8　硬盘信息

（2）创建主分区

选择硬盘后，按图4-9所示的步骤创建主分区，预设分区文件格式为NTFS，容量为100GB，并且系统自动将主分区激活。

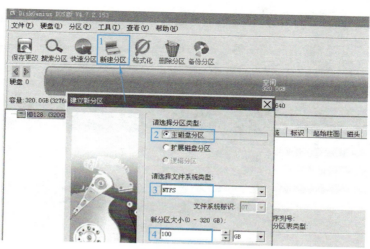

图4-9 创建主分区

（3）创建扩展分区

选择硬盘剩余部分的空间，按图4-10所示创建扩展分区。创建完成后的硬盘空间示意图如图4-11所示。

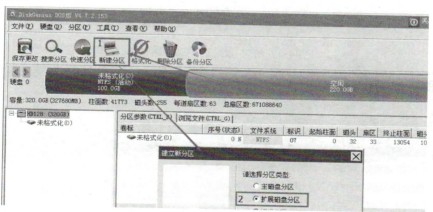

图4-10 创建扩展分区

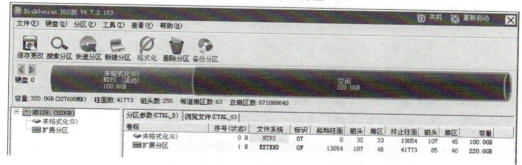

图4-11 已创建主分区和扩展分区

（4）在扩展分区中创建逻辑驱动器

扩展分区创建后，还不能保存数据，必须在其中创建逻辑分区。按图4-12在扩展分区上创建若干个逻辑分区。图4-13所示是创建好逻辑分区后的硬盘分区示意图及分区参数。

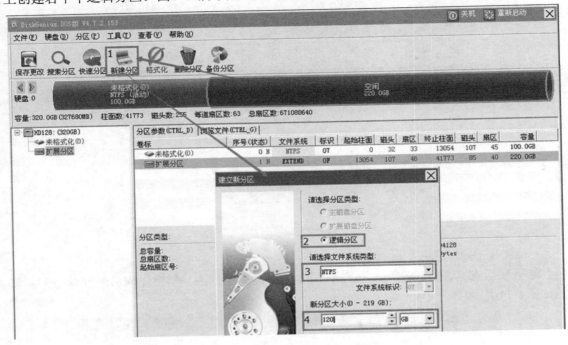

图4-12　在扩展分区建立逻辑分区

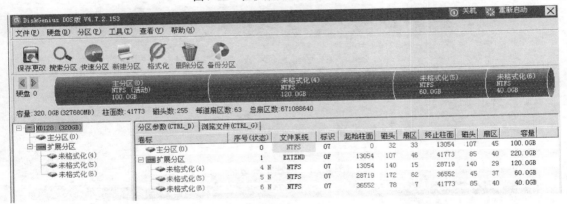

图4-13　在扩展分区创建逻辑分区后硬盘分区示意图

（5）保存分区信息和格式化

上述操作过程实际并没有真正对硬盘进行了分区，仅是对硬盘进行了分区设置，真正要让上述设置生效，必须单击工具栏上的"保存更改"按钮并确认，如图4-14所示。

图4-14　保存更改

确定"保存更改"后，DiskGenius自动对各个分区按设置的文件格式进行格式化，过程如图4-15所示。

图4-15　分区格式化过程

（6）重新启动计算机

格式化完成后，系统提示"已对硬盘数据做了更改，这些更改在重新启动计算机后才能生效"。单击"立即重启计算机"按钮。

4. 删除分区

对于旧硬盘重新进行分区或者因分区不当而必须进行重做时，首先要删除已有分区。删除硬盘分区意味着保存在分区里的数据将全部删除，故需要十分慎重。确实需要删除时，应事先备份重要文件。下面以DiskGenius为例，删除分区操作步骤如下。

1）启动DiskGenius。

2）选择将要删除的分区。

3）单击工具栏中的"删除分区"按钮。在弹出的警告对话框中单击"是"按钮，分区被删除，如图4-16所示，空间已被收回。

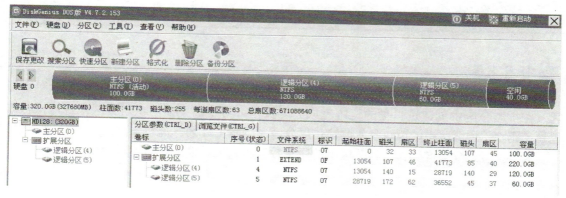

图4-16　删除分区

4）重复步骤2）、3），直到删除硬盘中的全部分区。

│ 经验交流 │

使用DiskGenius删除分区时，通常可以不按表4-2规定的顺序进行。

技能拓展

1. 拓展目的

理解硬盘分区概念；应用DiskGenius软件对硬盘进行分区操作。

2. 拓展内容

对新旧硬盘进行分区和格式化，为安装操作系统做好准备。

3. 实训设备

已经完成硬件安装的计算机；包含DiskGenius程序的启动U盘。

4. 操作步骤及要求

（1）删除分区（模拟重新分区，先删除分区再重建；对于新硬盘，直接做下一步）

1）正确设置启动装置，从U盘启动计算机。

2）在命令行输入DiskGen，启动DiskGenius程序。

3）删除扩展分区中所有逻辑驱动器。

4）删除扩展分区，再删除主分区。

5）保存修改，退出DiskGenius程序。

（2）创建分区和格式化

1）规划分区：根据硬盘容量规划好分区大小（至少建立C、D、E三个逻辑盘）。

2）正确设置启动装置，从U盘启动计算机。

3）运行DiskGen程序，按要求完成分区和格式化操作。

（3）重新启动计算机，检查分区结果

分别查看各逻辑盘的实际容量，记录在表4-3中。

表4-3　硬盘分区容量

分区及逻辑驱动器	C	D	E	F	
规划容量/GB					
实际容量/GB					

 任务小结

对于新购置的硬盘，使用DiskGenius工具软件时，可以通过创建主分区→创建扩展分区→在扩展分区中创建逻辑盘的流程完成分区操作；对于旧硬盘的重新分区来说，操作流程是：删除扩展分区中的逻辑盘→删除扩展分区→删除主分区→重新分区。

只要执行删除分区操作，该分区上的所有数据将丢失，使用时请慎重操作。

任务3　使用硬盘管理软件管理硬盘

 任务描述

某硬盘，初始分区时各分区容量已不能适应目前的需要，如当初主分区仅为

100GB。系统已运行了一年，硬盘上保存了许多文件。由于操作系统的问题，系统文件日益膨胀，主分区可用空间越来越少，如何能既不破坏原有数据，又能把主分区的空间扩大为120GB。同时，为防止计算机病毒破坏硬盘分区表，将分区表备份到其他存储介质上。

 任务分析

早期的分区软件如DM、FDISK等要改变分区的大小，都需要先把硬盘一个或所有分区全部删除，再重新分区，即重建分区表。这样的结果会造成该分区乃至整个硬盘上的所有数据被彻底删除掉。对于那些有着大量有用的数据需要转移的用户来说，这无疑是相当不方便的。Partition Magic和DiskGenius的出现很好地解决了这个问题。

在本任务中，使用DiskGenius软件，从磁盘管理的角度进一步深入学习和使用。

 任务实施

1. 运行DiskGenius

1）使用Windows启动光盘启动计算机。

2）在DOS提示符下，运行DiskGen命令。

3）进入DiskGenius主程序，如图4-17所示。

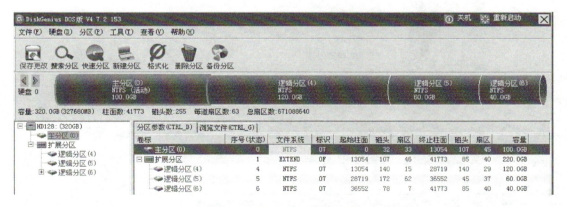

图4-17　DiskGenius 主界面

2. 调整分区容量

与Partition Magic一样，DiskGenius也能在不破坏原有硬盘文件的情况下来调整分区的大小，这个功能特别适用于对已有数据的硬盘进行分区大小调整。设当前硬盘的分区结构如图4-17所示，现要扩大主分区C盘的容量，从100GB增加到120GB，减小D分区容量，操作方法如下：

1）选取D分区，执行"分区"→"调整分区大小"命令，如图4-18所示。

2）屏幕弹出"调整分区容量"对话框，如图4-19所示。在"调整后容量"文本框中，输入新的容量100GB。然后单击"开始"按钮。完成后结果如图4-20所示，有一块20GB的空间被释放为"空闲"空间。

69

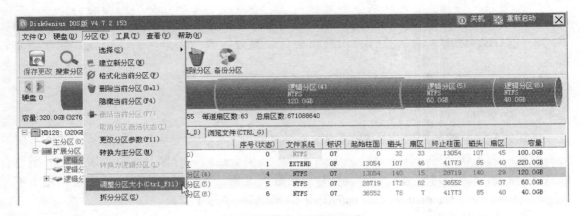

图4-18 调整分区容量操作

图4-19 分区容量调整对话框

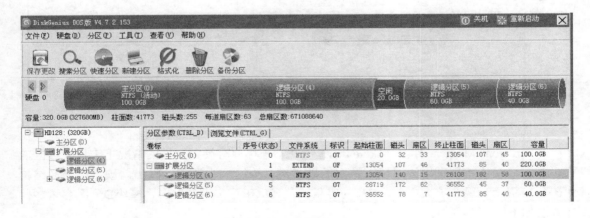

图4-20 调整后的分区状态

3）将空闲空间并入主分区。选择硬盘示意图中的空闲空间，在弹出的快捷菜单中，选择"将空闲空间分配给"→"分区：主分区（0）"命令，如图4-21所示。系统弹出一个确认操作对话框，并有相关警示，如图4-22所示。

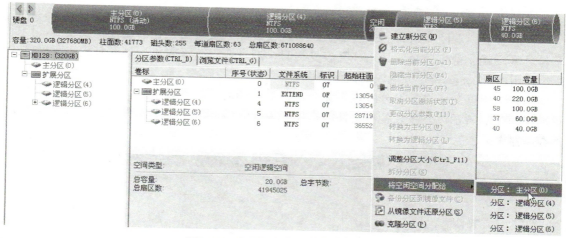

图4-21　将空间合并入其他分区命令

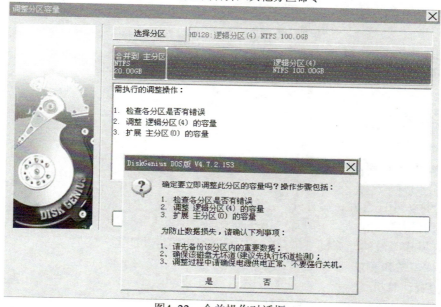

图4-22　合并操作对话框

4）单击"是"按钮，完成后返回主界面，显示主分区C和逻辑分区D的大小已经改变，如图4-23所示。

图4-23　调整后的分区状态

| 说明 |

　　该方法同样可以用来扩大或缩小其他分区的容量。

3. 备份分区表

分区表保存着硬盘所有的分区信息，一旦被破坏，硬盘上保存的文件将找不到，因此备份分区表就显得十分必要，当分区表受损时，通过还原分区表来达到恢复硬盘文件的作用。使用DiskGenius备份分区表的具体操作如下。

选择"硬盘"→"备份分区表"命令。在弹出的对话框中设置分区表备份文件名及路径，如图4-24所示。分区表备份文件的扩展名为ptf，为了安全，该文件最好存放在其他外部存储器中。

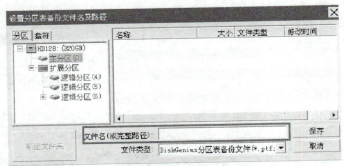

图4-24　备份分区表

技能拓展

1. 拓展目的

应用DiskGenius软件实现对硬盘的分区管理。

2. 操作内容

调整分区大小；合并、拆分分区；备份硬盘分区表。

3. 实训设备

安装好操作系统的计算机；包含DiskGenius程序的启动U盘。

4. 操作步骤和要求

（1）检查计算机

从硬盘启动计算机，检查各磁盘情况后关机。

（2）调整分区容量

1）从U盘启动计算机，进入DOS命令行，启动DiskGenius。

2）调整主分区容量：分别减少D盘容量，增加C盘容量。

3）应用上述操作后，从硬盘启动计算机，检查调整分区后的效果。

（3）拆分分区

1）用U盘重新启动计算机，进入DOS命令行。

2）运行DiskGen程序。

3）把分区D拆分成两个分区。

4）完成操作后，重启计算机，进入DOS操作系统，检查分区状态。

（4）备份/还原分区表

1）把分区表备份到U盘中。

2）删除硬盘分区。

3）从硬盘重启计算机，记录启动失败的信息。

4）从U盘启动计算机，进入DOS命令行，启动DiskGenius。

5）使用"恢复分区表"命令，把保存在U盘中的分区表备份文件还原到硬盘中。

6）重启计算机，从硬盘启动操作系统。

习题

1. 简答题

1）硬盘的主要性能指标有哪些？

2）硬盘的数据存储结构是如何划分的？

3）上网搜索并记录目前主流硬盘的品牌、主要技术指标和价格。

4）为什么新硬盘在使用前要进行分区及格式化操作？

5）对一个旧硬盘重新进行分区，简述操作步骤。

2. 单项选择题

1）目前硬盘接口分为IDE接口、（   ）接口、SCSI接口和SAS接口。

    A. AGP   B. PCI   C. SATA   D. SATA

2）硬盘的主要作用是（   ）。

    A. 存储信息   B. 引导系统   C. 扩充容量   D. 增加系统可靠性

3）硬盘使用缓存的目的是（   ）。

    A. 增加硬盘容量   B. 提高硬盘读写信息的速度

    C. 实现动态信息存储   D. 实现静态信息存储

4）一台计算机的配置清单是INTEL i5/4GB/500GB/19in等，硬盘的容量是（   ）。

    A. 4GB   B. 500GB   C. i5   D. 19in

5）（   ）指硬盘操作系统引导记录区。

    A. DIR区   B. FAT区   C. MBR区   D. DBR区

6）标称容量为250GB的硬盘，其实际容量（   ）256 000MB。

    A. 小于   B. 大于   C. 等于   D. 不确定

3. 判断题

1）一根SATA数据线可以连接两个SATA硬盘。   （   ）

2）SATA1.0硬盘的数据传输速率是133MB/s。   （   ）

3）IDE硬盘的磁头数量肯定是偶数。   （   ）

4）可以用FAT16文件系统格式化3GB容量的磁盘分区。   （   ）

5）格式化硬盘某个分区或逻辑盘时，将删除存储在该分区或逻辑盘上的所有数据。

                                                             （   ）

6）硬盘分区必须首先创建主分区，才可以接着创建逻辑分区。   （   ）

7）DiskGenius能在不破坏原有数据的前提下实现调整分区大小。   （   ）

8）DiskGenius通过"还原分区表"重建分区。   （   ）

项目5　安装操作系统

学习目标

1）掌握软件的分类。
2）了解操作系统的发展进程。
3）掌握操作系统的分类。
4）掌握安装Windows 7操作系统的方法。
5）掌握安装Windows 10操作系统的方法。

任务1　安装Windows 7操作系统

任务描述

Windows 7操作系统是目前主流的操作系统之一，安装Windows 7操作系统是必备的技能。

任务分析

在前面的课程中，已经学会了计算机硬件的组装，并且已经成功地将计算机点亮了。同时也学会了CMOS基本设置及对硬盘的分区操作，所以已经具备了安装操作系统的条件。下面以Windows 7旗舰版为例，以图解方式详述安装过程。

知识准备

计算机在没有安装任何软件之前，被称为"裸机"，裸机是无法工作的。操作系统是直接运行在"裸机"上的最基本的系统软件，是系统软件的核心。

1. 软件分类

计算机软件分为系统软件与应用软件两大类。

（1）系统软件

1）操作系统（Operating System，OS）是管理计算机硬件与软件资源的程序，同时也是计算机系统的内核与基石。操作系统是控制其他程序运行，管理系统资源并为用户提供操作界面的系统软件的集合。操作系统身负诸如管理与配置内存、决定系统资源供需的优先次序、控制输入与输出设备、操作网络与管理文件系统等基本事务。

2）程序设计语言和语言处理程序就是用户用来编写程序的语言，它是人与计算机之间交换信息的工具。程序设计语言是软件系统重要的组成部分，一般分为机器语言、汇编语言和高级语言三类。

3）数据库系统（Data Base System，DBS）是一个实际可运行的存储、维护和应用系统提供数据的软件系统，是存储介质、处理对象和管理系统的集合体。目前主要用于档案管理、财务管理、图书资料管理及仓库管理等方面的数据处理，这类数据的特点是数据量大，数据处理的主要内容为数据的存储、查询、修改、排序、分类、统计等。

（2）应用软件

应用软件是指计算机用户利用计算机及其提供的系统软件，为解决某一专门的应用问题而编制的计算机程序。由于计算机的应用已渗透到各个领域，所以应用软件繁多，包括科学计算、工程设计、文字处理、辅助教学、游戏等，其中一些常用的、解决各种类型问题的应用程序也在逐步标准化、模块化，并像计算机硬件一样作为商品出售。

2. 操作系统分类

目前微机上常见的操作系统有DOS、OS/2、UNIX、XENIX、LINUX、Windows、Netware等。但所有的操作系统具有并发性、共享性、虚拟性和异步性四个基本特征。操作系统大致可分为五种类型。

（1）简单操作系统

它是计算机初期所配置的操作系统，如IBM公司的磁盘操作系统DOS。这类操作系统的功能主要是操作命令的执行、文件服务、支持高级程序设计语言编译程序和控制外部设备等。

（2）分时操作系统

它支持位于不同终端的多个用户同时使用一台计算机，彼此独立互不干扰，用户感到好像一台计算机全为他所用。

（3）实时操作系统

它是为实时计算机系统配置的操作系统。其主要特点是资源的分配和调度首先要考虑实时性然后才是效率。此外，实时操作系统应有较强的容错能力。

（4）网络操作系统

它是为计算机网络配置的操作系统。在其支持下，网络中的各台计算机能互相通信和共享资源。其主要特点是与网络的硬件相结合来完成网络的通信任务。

（5）分布式操作系统

大量的计算机通过网络被连结在一起，可以获得极高的运算能力及广泛的数据共享。分布式操作系统是支持分布式处理的软件系统，负责管理分布式处理系统资源和控制分布式程序运行，是在由通信网络互联的多处理机体系结构上执行任务的系统。

3. 操作系统的功能与特征

（1）操作系统的功能

从资源管理的角度来看，操作系统对计算机资源进行控制和管理的功能主要分为内存的分配与管理、处理机的控制与管理、外部设备的控制和管理和文件的控制和管理等。

（2）操作系统的特征

操作系统是系统软件的核心，配备操作系统是为了提高计算机系统的处理能力，充分发挥系统资源的利用率、方便用户使用，虽然不同类型操作系统有各自的特征，但它们也都具有并发性、共享性、虚拟性、异步性四个基本特征。

4. Windows操作系统的发展

DOS操作系统是20世纪80年代非常流行的操作系统，是当时计算机上的传统操作系统，不美观的字符界面，采用命令行的工作方式，只能单任务运行，不能适应微机日益广泛应用的需要。

1983年，美国微软公司（Microsoft）宣布开发图形用户界面（Graphical Vser Interface, GUI）系统。1985年，第一代窗口式多任务系统Windows 1.0版问世，标志着计算机进入了图形界面的时代。

接着陆续开发了Windows 2.0版等；直到1990年5月，引起轰动的Windows 3.0正式投入商业应用，该操作系统支持网络和工作站，提高了设备管理、CPU、内存管理能力，有大量应用软件在此基础上开发，如FoxPro等。

1992年4月Windows 3.1版推出，采用OLE对象链接与嵌入技术，增加了对声音输入输出的基本多媒体的支持和一个CD音频播放器，以及支持True Type字体（矢量字库）；1993年，升级到Windows 3.2。以上都简称为Windows 3.X，它们运行在DOS之上，受到DOS操作系统的限制。

1995年8月，Windows 95面世。Windows 95是一个脱离了DOS文字模式，实现了完整的图形化的操作系统，使工作的过程不再枯燥乏味，所见即所得，计算机的使用开始变得有趣。Windows 95是一个独立的32位操作系统，同时带起了硬件的升级风潮。

1996年8月，Windows NT 4.0发布，增加了许多对应管理方面的特性，稳定性也相当不错，这个版本的Windows软件至今仍被不少公司使用着。

1998年6月，Windows 98发布。这个新的系统是在Windows 95的基础上改进而成的，同时增加了新特性。它改良了硬件标准的支持，例如MMX和AGP。后来又推出了Windows 98 SE（第二版）与Windows Me。

2000年3月，Windows 2000（起初称为Windows NT 5.0）发布，它是一个纯32位图形的视窗操作系统。Windows 2000是主要面向商业的操作系统。

2001年8月，Windows XP发布，字母XP表示英文单词的"体验"（experience）。微软最初发行了两个版本：专业版（Windows XP Professional）和家庭版（Windows XP Home Edition），后来又发行了媒体中心版（Media Center Edition）和平板电脑版（Tablet PC Edition）等。

2003年4月，Windows Server 2003发布，它对活动目录、组策略操作和管理、磁盘管理等面向服务器的功能作了较大改进，对.Net技术的完善支持进一步扩展了服务器的应用范围。

2006年11月，具有跨时代意义的Vista系统发布，它引发了一场硬件革命，是计算机正式进入双核、大（内存、硬盘）时代。不过因为Vista的使用习惯与XP有一定差异，软硬件的兼容问题导致它的普及率一般，但它华丽的界面和炫目的特效还是值得赞赏的。

Windows 7于2009年10月22日在美国发布，于2009年10月23日下午在中国正式发布。Windows 7 的设计主要围绕五个重点：针对笔记本式计算机的特有设计；基于应用服务的设计；用户的个性化；视听娱乐的优化；用户易用性的新引擎。Windows 7包含6个版本，分别为Windows 7 Starter（初级版）、Windows 7 Home Basic（家庭普通版）、Windows 7

Home Premium（家庭高级版）、Windows 7 Professional（专业版）、Windows 7 Enterprise（企业版）和Windows 7 Ultimate（旗舰版）。

2008年2月27日，微软正式发布Windows Server 2008。Windows Server 2008 是专为强化下一代网络、应用程序和 Web 服务的功能而设计，是有史以来最先进的 Windows Server 操作系统。拥有 Windows Server 2008，即可在企业中开发、提供和管理丰富的用户体验及应用程序，提供高度安全的网络基础架构，提高和增加技术效率与价值。

2012年10月26日，Windows 8在美国正式推出。Windows 8支持来自Intel、AMD和ARM的芯片架构，被应用于个人计算机和平板电脑上，尤其是移动触控电子设备，如触屏手机、平板电脑等。该系统具有良好的续航能力，且启动速度更快、占用内存更少，并兼容Windows 7所支持的软件和硬件。另外在界面设计上，采用平面化设计。

Windows 10自2014年10月1日开始公测，Windows 10经历了Technical Preview（技术预览版）以及Insider Preview（内测者预览版），下一代Windows将作为Update形式出现。Windows 10将发布7个发行版本，分别面向不同用户和设备。2015年7月29日12点起，Windows 10推送全面开启，Windows 7、Windows 8.1用户可以升级到Windows 10，用户也可以通过系统升级等方式升级到Windows 10。

5．系统配置需求

Windows 7推荐的最低配置要求，系统CPU主频不低于1GHz的32位或者64位处理器；系统内存在1GB 及以上；系统硬盘空间在16GB以上（主分区文件格式为NTFS格式）；系统显示器要求分辨率在1024×768像素及以上（低于该分辨率则无法正常显示部分功能）或可支持触摸技术的显示设备。

 任务实施

1．准备工作

1）准备好Windows 7旗舰版安装光盘，并检查光驱是否支持自启动。

2）将安装文件的产品密钥（安装序列号）记录在纸张上。

3）准备好驱动程序光盘。

4）由于格式化操作将彻底删除C盘上的数据，因此先备份好C盘上有用的数据（如果安装双操作系统请同时备份好D盘上有用的数据）。

2．实施步骤

（1）启动装置的设置

首先在启动计算机的时候进入CMOS设置，将第一启动装置设置为光盘，同时将安装光盘放入光驱，保存CMOS设置后计算机自动重新启动，确保计算机能从光盘启动（具体过程可参阅项目3相关内容）。

（2）安装程序的运行与欢迎界面

1）安装程序的运行。计算机从光盘启动后会自动加载光盘的自动安装程序，随后出现安装程序界面。

2）选择安装语言格式。如图5-1所示。分别设置"要安装的语言""时间和货币格式""键盘和输入方法"，由于默认都是中文（简体），所以直接单击"下一步"按钮。

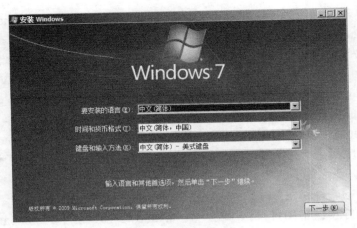

图5-1 选择语言格式

3）准备安装，如图5-2所示，单击"现在安装"按钮。

图5-2 准备安装

4）许可协议，如图5-3所示，选中"我接受许可条款"复选框，单击"下一步"按钮。

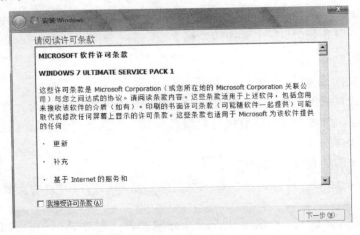

图5-3 许可协议

（3）选择安装类型与安装位置

1）选择安装类型，如图5-4所示。如果想从XP、Vista升级为Windows 7，请单击"升级"按钮；如果是全新安装，请单击"自定义（高级）"按钮。本次安装选择"自定义（高级）"。

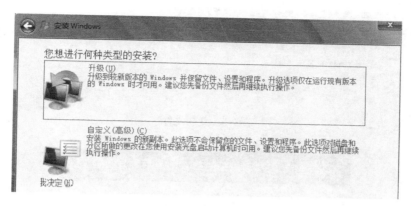

图5-4 选择安装类型

2）选择安装位置，如图5-5所示。分区1为系统保留分区，主要用来存放Windows的引导文件，操作系统要安装到第一个主分区内（分区2），分区可用空间要大于20GB，然后单击"下一步"按钮继续。

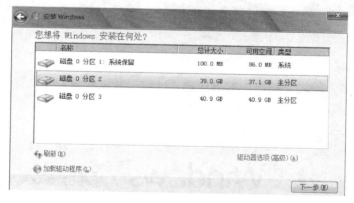

图5-5 选择安装分区

（4）开始安装系统文件

复制Windows文件后，开始正式安装Windows 7操作系统，这段时间不必操作计算机，如图5-6所示。

（5）重新启动计算机

1）重启计算机，如图5-7所示。安装完成后，系统需要重启，系统会在10s后自动重启。

2）开机画面，安装程序准备，如图5-8所示。安装程序正在为首次使用计算机做准备。

3）检查视频性能，如图5-9所示。安装程序正在检查视频性能。

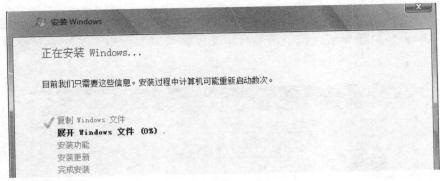

图5-6　复制文件

图5-7　重启提示

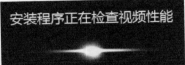

图5-8　为首次使用计算机做准备　　　　图5-9　检查视频性能

（6）安装设置阶段

1）输入用户名。经过一段时间的等待后，此时安装进入最后的设置阶段，如图5-10所示，输入一个用户名，然后单击"下一步"按钮继续。

图5-10　输入用户名

2）设置登录密码，如图5-11所示。如果不需要则可直接单击"下一步"按钮继续。

3）输入Windows产品密钥，如图5-12所示。激活Windows 7操作系统。

4）设置更新方式，如图5-13所示。建议选择第一项，以便系统得到及时更新，确保系统安全。

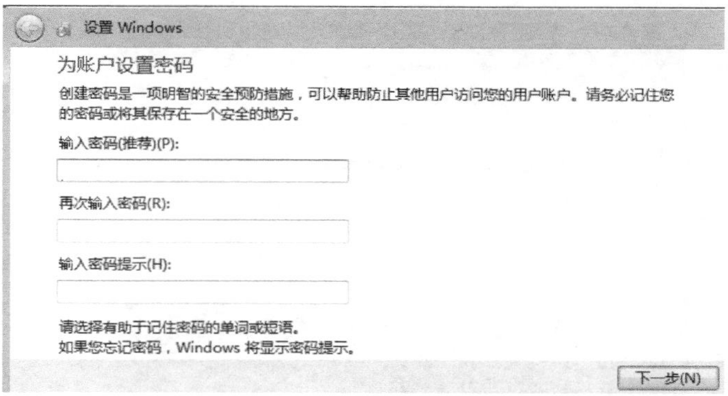

图5-11　设置登录密码

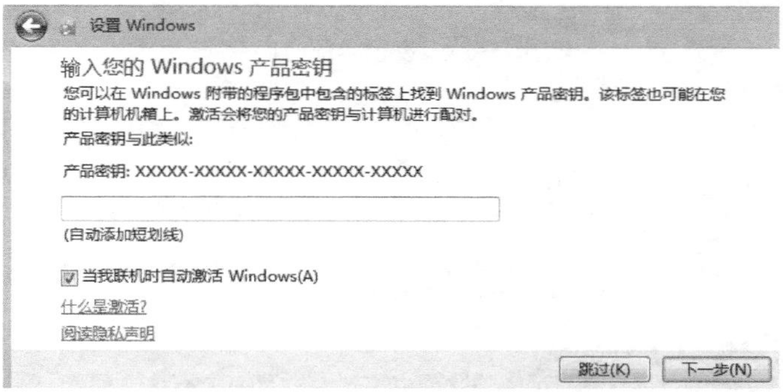

图5-12　输入产品密钥

图5-13　设置更新方式

5）设置当前时间，如图5-14所示。系统安装完成后，可以联网自动矫正所以不需要更改，单击"下一步"按钮继续。

6）设置网络类型，如图5-15所示。请选择计算机当前的位置，如果计算机需要上网，请选择网络类型，如果是个人计算机或是家用计算机，请选择第一项"家庭网络"；如果是在工作单位，则选择第二项；如果是在公共的场所，请选择第三项。

图5-14 设置当前时间

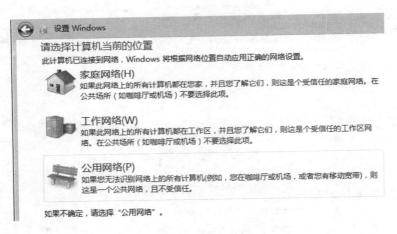

图5-15 网络类型

（7）安装完成，进入Windows 7操作系统

1）完成设置，如图5-16所示。

图5-16 完成设置

2）准备桌面，如图5-17所示。

图5-17 正在准备桌面

3）进入Windows 7操作系统，如图5-18所示。安装全部完成，进入Windows 7操作系统，桌面上只有一个"回收站"图标。

图5-18 进入Windows 7操作系统

（8）系统补丁

俗话说"金无足赤"，任何一个软件产品都会有或多或少的问题，Windows操作系统也不例外，微软的补丁就是为了弥补操作系统存在的漏洞。为了增强系统安全性、提高系统可靠性和兼容性，在安装好操作系统后应该及时"打"好系统补丁，补丁安装方法如下：

1）回到"桌面"，单击"开始菜单"，选择"控制面板"。

2）在"系统和安全"栏目中单击"查看您的计算机状态"，如图5-19所示。在下一级页面中单击"Windows Update"，如图5-20所示。

83

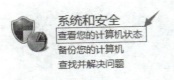

图5-19 查看计算机状态　　　　　　图5-20 Windows Update

3）进入系统更新界面，所图5-21所示。计算机联网后，系统会自动检查安装系统补丁。

图5-21 系统更新界面

【注意事项】

补丁应该经常更新，以便更好地保护计算机，全部补丁安装完成后，计算机要重新启动。

任务2　安装Windows 10操作系统

 任务描述

Windows 10操作系统是目前流行的操作系统之一，学会安装Windows 10操作系统是必备的技能。

 任务分析

在上一个任务中，已经掌握了安装Windows 7操作系统的技能，同时也已经揭开了安装操作系统神秘的面纱。相信大家有了较多的心得，同时信心十足，迫不及待地想学习如何安装Windows10操作系统。其实，安装过程与Windows 7统类似。下面以安装Window 10 TH2正式版为例，以图解方式详述安装过程。同时，也请大家注意与Windows 7安装过程作比较，以便更好地掌握安装操作系统的要点与技巧。

 **知识准备**

1. 系统特色

（1）开始菜单 开始菜单的旁边新增加了一个Modern风格的区域，改进的传统风格与新的现代风格被强行结合在一起。

（2）虚拟桌面 Windows 10新增了Multiple Desktops功能。该功能可让用户在一个操作系统下使用多个桌面环境，即用户可以根据自己的需要，在不同桌面环境间进行切换。微软还在"Task View"模式中将所有已开启窗口缩放并排列，以方便用户迅速找到目标任务，单击右侧的加号即可添加一个新的虚拟桌面。

（3）应用商店 来自Windows 应用商店中的应用可以和桌面程序一样以窗口化方式运行，可以随意拖动位置，拉伸大小，也可以通过顶栏按钮实现最小化、最大化、关闭和全屏应用的操作。

（4）分屏多窗口 可以在屏幕中同时摆放四个窗口，Windows 10还会在单独窗口内显示正在运行的其他应用程序。同时，Windows 10还会智能给出分屏建议。微软在Windows 10侧边新加入了一个"Snap Assist"按钮，通过它可以将多个不同桌面的应用展示在此，并和其他应用自由组合成多任务模式。

（5）任务管理 任务栏中出现了一个全新的按键"查看任务（Task View）"。桌面模式下可以运行多个应用和对话框，并且可以在不同桌面间自由切换。能将所有已开启窗口缩放并排列，以方便用户迅速找到目标任务。通过单击该按钮可以迅速预览多个桌面中打开的所有应用，单击其中一个可以快速跳转到该页面。传统应用和桌面化的 Modern应用在多任务中可以更紧密地结合在一起。

（6）系统用户 命令提示符（Command Prompt）中增加了对粘贴组合键（<Ctrl+V>）的支持，用户终于可以直接在指令输入窗口下快速粘贴文件夹路径了。

（7）通知中心 增加了行动中心（通知中心）功能，可以显示信息、更新内容、电子邮件和日历等消息，通知中心还有了"快速操作"功能，提供快速进入设置或开关设置。

（8）升级方式 微软允许用户自选收到最新测试版本的频率，可选择快、慢两种设定，用户设定前者可以较快地收到测试版本，但可能存在Bug；后者频率较低，但稳定性相对较高。

（9）智能家庭控制 Windows 10中将会加入一个叫做AllJoyn的开源框架，帮助智能设备实现互操作。AllJoyn的基本概念是，无论用户购买什么样的智能家居产品，无论制造商是谁，连接方式如何，当他们接入网络后就能自动被其他网络上的AllJoyn设备发现并自动建立连接。

2. 系统配置需求

Windows 10推荐的最低配置要求：系统CPU主频1GHz或者更高（支持PAE模式、NX和SSE2）；系统内存1GB（32位）或2GB（64位）；系统硬盘空间16GB（32位）或20GB（64位）；显卡是WDDM驱动程序的设备，微软DirectX 9图形支持。

 任务实施

1. 准备工作

1）选择安装方式，即升级安装还是全新安装。

2）检查计算机是否达到系统配置要求。

3）准备好Windows 10中文版安装光盘，并检查光驱是否支持自启动。

4）将安装序列号（产品密钥）记录好，安装过程中提示输入时要用到。

5）准备好主要硬件的驱动程序，为安装好操作系统后的工作做好准备。

6）由于安装过程将损坏安装目标分区上的文件，因此先将目标分区（通常为C盘）上有用的数据进行备份。如果想安装双操作系统，请将D盘上有用的数据也进行备份。

7）如果采用升级方式，建议先对C盘进行彻底杀毒及整理。

2. 实施步骤

（1）启动装置的设置

首先在启动计算机的时候进入CMOS设置，将第一启动装置设置为光驱，同时将安装光盘放入光驱，保存CMOS设置后计算机自动重新启动，确保计算机能从光盘启动（具体过程可参阅项目3相关内容）。

（2）安装程序的运行与欢迎界面

1）安装程序的运行。计算机从光盘启动后会自动加载光盘的自动安装程序，随后出现安装程序界面。

2）选择安装语言格式，如图5-22所示。分别设置"要安装的语言""时间和货币格式""键盘和输入方法"，由于默认都是中文（简体），所以直接单击"下一步"按钮。

图5-22　选择语言格式

3）准备安装，如图5-23所示。在准备安装界面，单击"现在安装"按钮。

图5-23　准备安装

4）安装程序启动中，如图5-24所示。

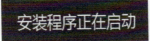

图5-24　安装程序启动中

5）输入Windows产品密钥，如图5-25所示。输入Windows产品密钥后，单击"下一步"按钮继续；也可以单击"跳过"按钮，在安装完成后输入激活密钥。

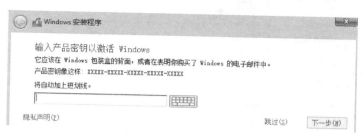

图5-25 输入产品密钥

6）许可条款，如图5-26所示。选择"我接受许可条款"复选框，单击"下一步"按钮。

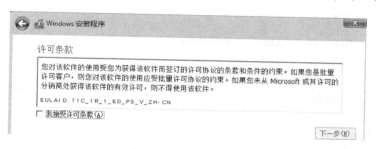

图5-26 许可条款

（3）选择安装类型与安装位置

1）选择安装类型，如图5-27所示。如果想从Windows 7升级为Windows 10，请单击"升级"按钮；如果是全新安装，请单击"自定义（高级）"按钮。本次安装选择"自定义（高级）"。

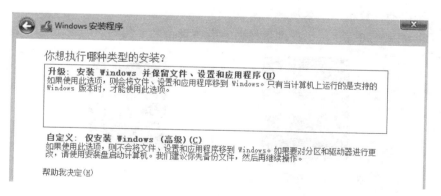

图5-27 选择安装类型

2）选择安装位置，如图5-28所示。分区1为系统保留分区，主要是用来存放Windows的引导文件，操作系统要安装到第一个主分区内（分区2），分区可用空间要大于20GB，然后单击"下一步"按钮继续。

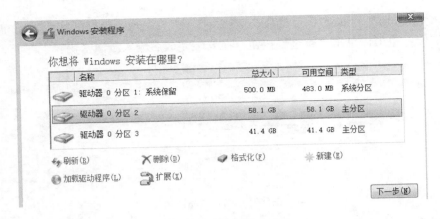

图5-28 选择安装盘

（4）开始安装系统文件

复制windows文件后，开始正式安装Windows 10操作系统，这段时间系统将自动控制安装进程，如图5-29所示。

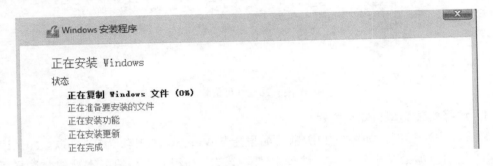

图5-29 复制文件

（5）重新启动计算机，准备设备

开机画面如图5-30所示，正在准备设备。准备设备后如图5-31所示。

图5-30 正在准备设备

图5-31 准备就绪

（6）安装设置阶段

1）自定义设置。可以直接单击右下角的"使用快速设置"按钮来使用默认设置，这里单击"自定义设置"按钮进入下一步，如图5-32所示。

2）设置设备的所有者。选择当前设备的所有者，如果是个人用户，选择"我拥有它"；企业和组织用户可选择"我的组织"，选择后单击"下一步"按钮继续，如图5-33所示。

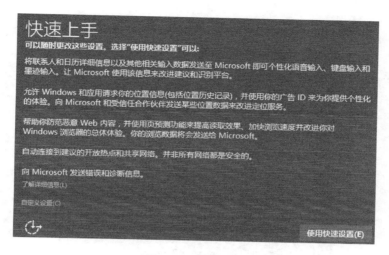

图5-32　设置选择

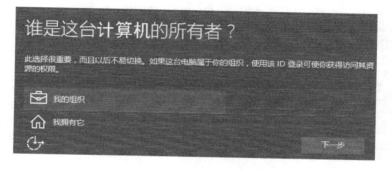

图5-33　选择设备的所有者

3）个性化设置。输入微软账户登录Windows 10，如果没有微软账户可以单击"没有账户？创建一个"按钮，也可以单击"跳过此步骤"按钮来使用本地账户登录，这里选择"跳过此步骤"，如图5-34所示。

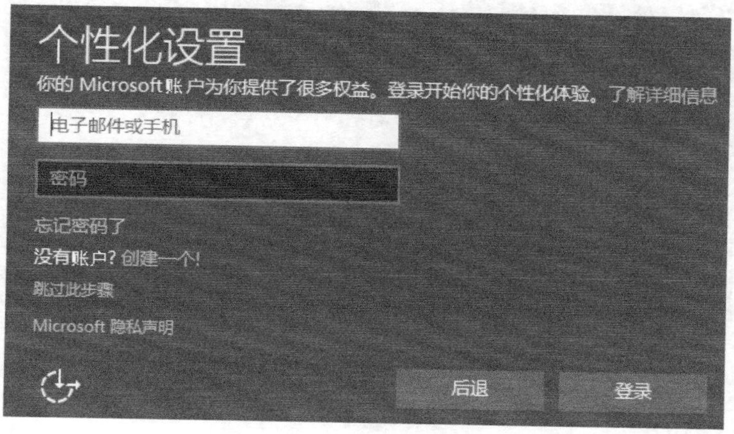

图5-34　个性化设置

4）创建本地账号。为这台计算机创建一个本地账户，输入用户名和密码，单击"下一步"按钮继续，如图5-35所示。

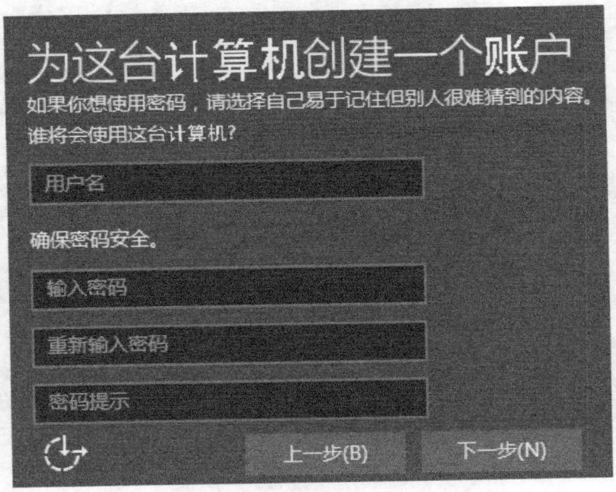

为这台计算机创建一个账户

如果你想使用密码，请选择自己易于记住但别人很难猜到的内容。

谁将会使用这台计算机？

用户名

确保密码安全。

输入密码

重新输入密码

密码提示

上一步(B)　下一步(N)

图5-35　本地账户的创建

5）最后的配置，如图5-36所示。进入最后的配置准备阶段，需要等待一段时间。

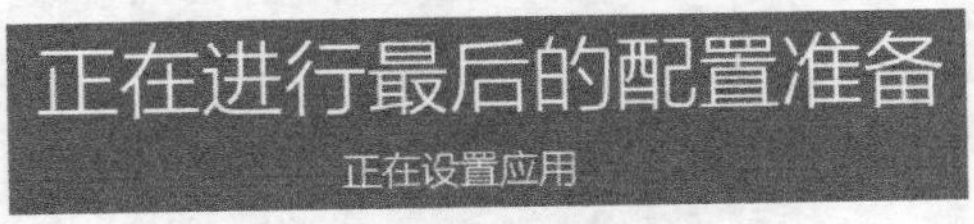

正在进行最后的配置准备

正在设置应用

图5-36　最后的配置

（7）安装完成，进入Windows 10操作系统。

安装全部完成，进入Windows 10操作系统，桌面上只有一个"回收站"图标，如图5-37所示。

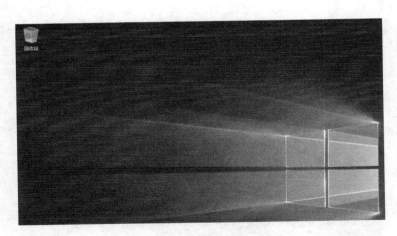

图5-37　进入Windows 10操作系统

（8）Windows 10补丁

在完成Windows 10操作系统的安装后，接下来最重要的一件事就是为操作系统打补丁。由于方法与任务1中安装Windows 7操作系统补丁一样，因此不再叙述。

技能拓展

1. 拓展目的

掌握安装Windows 7或Windows 10操作系统技能。

2. 拓展内容

根据实验室配置选择安装下列操作系统之一：

● Windows 7。

● Windows 10。

3. 实训设备

项目4实训中已经完成硬盘分区的计算机。

操作系统安装光盘。

4. 操作步骤和要求

1）清除CMOS设置。

2）在CMOS正确设置日期与时间、将光驱设置为第一启动装置。

3）从安装光盘启动计算机。

4）安装操作系统，并做好记录。

5）保管好安装源程序，查看安装以后的C盘信息。

5. 实训记录，填入表5-1中

表5-1 安装操作系统记录

序　号	名　　称	参　数　记　录			
1	计算机配置	CPU	内存容量	硬盘总容量	C盘容量
2	操作系统		满足安装条件？		□是　□否
3	安装系列号				
4	启动装置设置	第一启动设备	第二启动设备		第三启动设备
5	时间记录	开始时间		结束时间	
6	目标盘文件概述				

 任务小结

操作系统的安装要确保系统安装的硬件配置，注意保护硬盘数据的安全性。通过本项目的实施，细心的你肯定发现其实安装Windows 7操作系统与安装windows 10操作系统大致类似，但是新的操作系统在功能上更加强大。

习题

1．简答题

1）操作系统具有哪些功能与作用？

2）列举出微软公司发布的所有操作系统。

3）在安装操作系统过程中，不小心按了重新启动按钮，将对安装过程产生怎样的影响？

4）安装Windows 7操作系统与Windows 10操作系统的过程中有哪些共同点？

2．单项选择题

1）下列软件中，属于操作系统的是（　　　）。

  A．Office 2010   B．Word 2010

  C．Windows 10   D．Photoshop

2）Windows 7是一种（　　）操作系统。

  A．单用户单任务   B．单用户多任务

  C．多用户单任务   D．多用户多任务

3）目前个人计算机最新的操作系统是（　　　）。

  A．Windows 10   B．Windows 2003

  C．Windows Vista   D．Windows XP

3．判断题

1）安装操作系统过程中可以随时切断电源。   （　　　）

2）安装系统补丁后，计算机运行速度会变慢，所以不需要打补丁。 （　　　）

3）Window 10采用FAT32文件系统较为合适。   （　　　）

4）在重新安装操作系统前，一定要备份目标分区上有用的用户资料。 （　　　）

5）可以使用第三方的软件来安装系统补丁。   （　　　）

6）凡是能安装Window 7操作系统的计算机皆能安装Window 10操作系统。 （　　　）

学习目标

1）理解驱动程序的概念，掌握常用外部设备的分类与功能。

2）了解CRT、LCD的组成及工作原理。

3）理解显卡、声卡及网卡的组成，掌握其主要性能指标。

4）掌握主板、显卡与声卡等计算机硬件驱动程序的安装方法。

5）掌握安装打印机的方法。

任务1　安装主板驱动程序

 任务描述

在Windows 7操作系统下，正确安装主板驱动程序。

 **任务分析**

通过项目5的实训，已经在计算机上安装了Windows 7操作系统，同时也已经打好了系统补丁。现在已经具备了安装驱动程序的条件。

 知识准备

有时人们并不注重主板驱动程序的安装，或者由于操作系统中内置了通用的驱动程序而忽略了相应板卡驱动程序的安装。为了更好地发挥主板及组件的作用，应该将这些在板卡购置时提供的驱动程序安装好。

1. 驱动程序的概念

驱动程序是操作系统与硬件设备的接口，操作系统通过它识别硬件，硬件按操作系统给出的指令进行具体的操作。每一种硬件都有其自身独特的语言，操作系统本身并不能识别，这就需要一个双方都能理解的"桥梁"，而这个"桥梁"就是驱动程序。比如，要打印一个文档，先是由操作系统发出一系列命令给打印机驱动程序，然后驱动程序将这些命令转化为打印机本身能够明白的语言而打印该文档。如果没有相应的驱动程序或者驱动程序损坏，那么相关设备就不能正常使用了。

2. 安装驱动程序的一般方法

驱动程序一般都与硬件设备一起提供，这些驱动程序光盘都应好好保存，以备以后重新安装操作系统时使用或者下载专业的驱动管理软件，结合网络资源，安装相应的驱动程序。

（1）内置设备的安装方法

在Windows操作系统中，内置了许多常用硬件的驱动程序，在安装了新的硬件之后，如果Windows操作系统中有这个硬件的驱动程序，则会自动安装好驱动程序。

（2）手动安装方法

尽管Windows操作系统内置了一些硬件的驱动程序，但是由于硬件设备不断更新，驱动程序也随之升级，因此大多数情况下，新安装好硬件后，系统并不认识，只有安装好驱动程序后才能使用该设备。设备厂家提供的驱动程序不同，驱动程序的安装方法也不完全相同，配件使用说明书上会给出驱动程序的安装方法。一般来说，包括以下几种：

1）自动安装。在Windows环境下安装了新硬件，在重新启动系统后，系统即能发现新硬件，并自动搜索到此设备，选取相应的驱动程序进行安装或手工指定U盘或光盘上驱动程序的目录，进行安装。

2）运行安装程序。使用设备厂家提供的驱动程序磁盘上的Setup程序进行安装，一般执行完Setup后，系统会提示重新启动计算机，从而使新安装的硬件真正发挥作用。

3）利用添加设备功能。对于Windows 7操作系统，执行"开始"→"控制面板"→"硬件与声音"命令，选择"添加设备"选项，Windows会自动搜索新设备，并按照提示进行安装。

 任务实施

1. 准备工作

1）检查操作系统及系统补丁程序是否已经正确安装。

2）记录好主板的型号及规格。

3）准备好主板驱动程序安装源（通常保存于光盘或U盘）。

4）检查光驱或USB接口能否正常工作。

2. 安装主板驱动程序

不管是整机购置还是单独添置主板，其驱动程序肯定是随主板一起提供的。通常驱动程序存放于光盘上，而且上面有明显的主板型号标识。

（1）运行安装程序　将光盘放入光驱后，大部分安装光盘会自动运行并且让你先选择主板型号。如果不属于此情况，则可以找到光盘上的安装文件夹，单击安装文件即可（一般名为Setup）。

（2）启动安装向导　执行安装程序后，进入如图6-1所示的安装向导，一般此过程时间较短，单击"下一步"按钮。

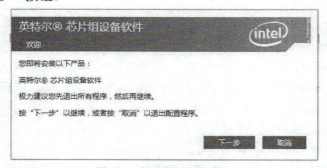

图6-1　启动主板安装向导

（3）许可协议　在出现的许可协议对话框中，选择"接受"复选框。

（4）自述文件信息　弹出主板芯片自述文件信息，单击"安装"按钮。

（5）指示安装进度　当完成了前面的系列操作后，才真正进入主板驱动程序的安装，此时会出现表示安装进度的指示条。

（6）完成安装　安装结束后，如图6-2所示。通常会要求重新启动计算机，取出安装光盘并保存好，重启计算机即可。

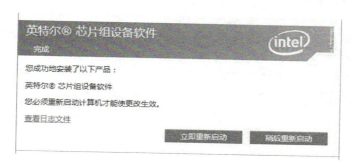

图6-2　完成主板驱动程序安装

| 小技巧 |

安装驱动程序的先后次序：

驱动程序的安装顺序也是一件很重要的事情，它不仅与系统的正常稳定运行有很大的关系，而且还会对系统的性能有巨大影响。

（1）准备阶段

安装操作系统后，首先应该装上操作系统的补丁。驱动程序直接面对的是操作系统与硬件，所以应该首先用补丁解决操作系统的兼容性问题，这样才能确保操作系统和驱动程序的无缝结合。

（2）安装主板驱动程序

主板上最重要的芯片组包括了北桥芯片和南桥芯片（部分主板采用单芯片），而芯片组的各种功能（例如PCI-E控制器、USB控制器、磁盘控制器等）都需要用特定的驱动程序来进行驱动，才能在操作系统中发挥正常的作用，在早期的主板上，如果没有安装驱动程序，则很可能出现性能不正常或者部分功能缺失的问题。总之，主板驱动程序的功能就是正常驱动主板芯片组，使之能发挥出全部的功能和性能。另外，Windows 7操作系统自带Direct11，所以不需要再单独安装DirectX驱动程序，且DirectX有良好的向下兼容性。

（3）安装板卡类驱动程序

安装好主板驱动程序后，就可以安装显卡、声卡、网卡等板卡类驱动程序。

（4）安装外设驱动程序

最后安装打印机、扫描仪、数字照相机等外设的驱动程序。

任务2 安装显卡、声卡与网卡驱动程序

 任务描述

在Windows 7操作系统下,正确安装显卡、声卡及网卡驱动程序。

 任务分析

在前面的学习中,已经掌握了安装显卡、声卡及网卡等组件的方法,但是对基本组成及工作过程还不是很明确。下面对这些计算机基本组件作进一步的了解,并在此基础上安装相应的驱动程序。

 知识准备

1. 显示卡

显卡(Video Card,Graphics Card,显示接口卡)又称显示适配器,是计算机最基本、最重要的配件之一。

(1)显卡概述

显卡是主机与显示器之间连接的"桥梁",作用是控制计算机的图形输出,负责将CPU送来的影像数据处理成显示器认识的格式,再送到显示器形成图像。它的工作流程是CPU将数字图像数据处理完毕后传送给显卡,显卡将数字信号转换成模拟信号传送到显示器,由显示器在屏幕上输出。现在,随着图像处理的数据量越来越大和显卡功能的增强,图像转换、贴图和光影的计算等都交给显卡来完成,从而使 CPU 能有更多的时间做其他工作。

(2)显卡工作原理

数据(Data)一旦离开CPU,必须通过4个步骤,最后才会到达显示屏:

1)从总线(Bus)进入图形处理器(GPU):将CPU送来的数据送到北桥(主桥)再送到图形处理器(GPU)里面进行处理。

2)从显卡芯片组进入显存:将芯片处理完成的数据送到显存。

3)从显存进入Digital Analog Converter(RAM DAC,随机读写存储数—模转换器):从显存读取出数据再送到RAM DAC进行数据转换的工作(数字信号转模拟信号)。但是如果是DVI接口类型的显卡,则不需要经过数字信号转模拟信号,而直接输出数字信号。

4)从DAC进入显示器(Monitor):将转换完成的模拟信号送到显示屏。

(3)显卡的组成

无论是何种品牌的显卡,主要由显示主芯片(即图形处理芯片)、显存、数模转换器(RAMDAC)、VGA BIO以及接口等几部分组成。各个部件的作用如下:

1)显示主芯片。显示主芯片又称图形处理器,是显卡的核心芯片,它的主要任务就是

处理系统输入的视频信息并将其进行构建、渲染等工作。显示主芯片的性能直接决定了该显卡的档次和大部分性能。由于其工作频率较高，一般通过加装风扇或者散热片的方式来降低温度。

2）显存。通常，人们将显卡上的显示内存叫显存，也被叫做帧缓存，它的作用是用来存储显卡芯片处理过或者即将提取的渲染数据。如同计算机的内存一样，显存是用来存储要处理的图形信息的部件。在高级的图形加速卡中，显存不仅用来存储图形数据，而且还被显示芯片用来进行3D函数运算。显存越大越好，显卡上采用的显存类型主要有SDRAM、DDR SDRAM、DDR SGRAM、DDR2、DDR3。

3）数—模转换器（RAM—DAC）　大家知道计算机内部的信息全部是二进制数，同样在显存中存储的信息当然也是数字信息，然而显示器并不以数字方式工作，它工作在模拟状态下。数—模转换器的作用就是将数字信号转换为模拟信号使显示器能够显示图像。它的另一个重要作用就是提供显卡能够达到的刷新率，其工作速度越高，频带越宽，高分辨率时的画面质量越好。

4）显卡BIOS。显卡BIOS主要用于存放显示主芯片与驱动程序之间的控制程序，固化在显示卡所带的一个专用存储器里。同时还存放了型号、规格、生产厂商以及出厂日期等显卡信息。当启动计算机时，通常会看到一段关于显卡的信息，主要就是存储在显卡BIOS内的一段控制程序来实现的。

（4）显卡的接口类型

内部接口类型是指显卡与主板连接所采用的接口种类，不同的接口决定着主板是否能够使用此显卡，只有在主板上有相应接口的情况下，显卡才能使用。显卡发展至今主要出现过ISA、PCI、AGP、PCI—Express等几种接口，所能提供的数据带宽依次增加。目前市场上显卡一般是AGP和PCI-E这两种显卡接口。

2. 显示器

显示器主要分为阴极射线管（Cathode Ray Tube，CRT）与液晶显示器（Liquid Crystal Display，LCD）两大类。

（1）彩色CRT显示器

彩色CRT显示器主要由电源电路、行扫描电路、场扫描电路、接口电路及显像管组成。显像管主要由电子枪、偏转线圈、荧光粉涂层及玻璃外壳组成。彩色CRT显示器基于三基色原理，即红、绿、蓝按不同的比例可以配出不同的颜色。在CRT屏幕上涂有红、绿、蓝三种荧光粉，在25 000V的高压下，激发阴极射线管电子枪的电子束等射向荧光屏，且在电子束射向荧光屏的通道上进一步加速与聚集，最后电子束打在荧光屏上，激发三色荧光粉成像，配以不同的亮度可以得到不同的颜色层次，如图6-3a所示。

（2）LCD

液晶显示器为平面超薄的显示设备，它由一定数量的彩色或黑白像素组成，放置于光源或者反射面前方。它的主要原理是以电流刺激液晶分子产生点、线、面配合背部灯管构成画面，如图6-3b所示。液晶显示器功耗很低，因此适用于使用电池的电子设备。

液晶显示器的原理与阴极射线管显示器大不相同，是基于液晶电光效应的显示器件。液晶显示器是利用液晶的物理特性，在通电时导通，使液晶排列变得有秩序，使光线容易通过；不通电时，排列则变得混乱，阻止光线通过。

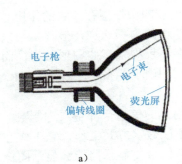
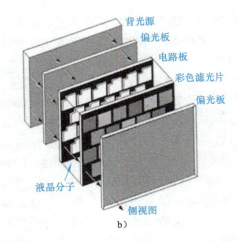

图6-3 显示器

a）CRT显示器 b）LCD

3. 声卡

声卡又称音频卡，是多媒体技术中最基本的组成部分，是实现声波与数字信号相互转换的一种硬件。计算机要发出声音必须要安装声卡，计算机中所有和声音有关的部分都由声卡来处理，播放音乐、玩计算机游戏以及软件发出的各种声音效果等都需要声卡的支持。

声卡主要由声音处理芯片组、功率放大器、总线连接端口、输入输出端口、MIDI 及游戏杆接口、CD 音频连接器等部件组成，如图6-4所示。声卡主要有两种：内置独立声卡和集成在主板上的软声卡。

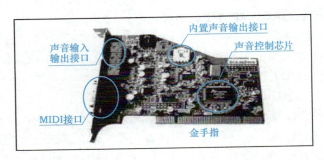

图6-4 声卡结构示意图

麦克风和喇叭所用的都是模拟信号，而计算机所能处理的都是数字信号，声卡的作用就是实现两者的转换。声音处理芯片组包括数模转换芯片（DAC），用来将数字信号转换成模拟信号；包括模数转换芯片（ADC），用来将模拟声音信号转换成计算机能识别的数字信号。

当要输出音乐时，声卡在接到 CPU 的指令后，将储存在计算机中的数字声音数据转换为模拟信号传送到音箱，从而发出声音。当要进行录音时，在CPU的指挥下，声卡将外部声音通过模数转换后以数字信号的方式存储于计算机中。

声卡能连接各种设备，如 MIDI 接口可以连接电子合成乐器，接收外部音源后进行录音或混音，还可以连接游戏手柄，让用户可以更加简便灵活地操作。

4．网卡

网卡是计算机与局域网或广域网相连接的桥梁，通过网卡可使计算机与国际互联网相连接。

（1）网卡的功能

网卡（Network Interface Card，NIC）也称网络适配器，是计算机与局域网相互连接的接口。无论是普通计算机还是高端服务器，只要连接到局域网，就都需要安装一块网卡。如果有必要，一台计算机也可以同时安装两块或多块网卡。

计算机之间在进行相互通信时，数据不是以流而是以帧的方式进行传输的。可以把帧看做是一种数据包，在数据包中不仅包含有数据信息，而且还包含有数据的发送地、接收地信息和数据的校验信息。

网卡的功能主要有两个：一是将计算机的数据封装为帧，并通过网线（对无线网络来说就是电磁波）将数据发送到网络上去，二是接收网络上传过来的帧，并将帧重新组合成数据，发送到所在的计算机中。网卡接收所有在网络上传输的信号，但只接受发送到该计算机的帧和广播帧，将其余的帧丢弃。然后，传送到系统 CPU 做进一步处理。当计算机发送数据时，网卡等待合适的时间将分组插入到数据流中，接收系统通知消息是否完整地到达，如果出现问题，则要求对方重新发送。

（2）网卡的分类

根据网卡支持的传输速率分类，主要分为10Mbit/s网卡、100Mbit/s网卡、10/100Mbit/s自适应网卡和1000Mbit/s网卡四类。10/100Mbit/s自适应网卡是由网卡自动检测网络的传输速率，保证网络中两种不同传输速率的兼容性。随着局域网传输速率的不断提高，1000Mbit/s网卡大多被应用于高速的服务器中。

根据放置位置，网卡可分为内置式与外置式二种。在内置式中，按主板上的接口类型，网卡又可划分为ISA、PCI和PCMCIA三种。ISA网卡目前已淘汰，PCI网卡是应用最广泛、最流行的网卡，常用的32位PCI网卡的理论传输速率为133Mbit/s，因此支持的数据传输速率可达100Mbit/s。PCMCIA网卡是用于笔记本式计算机的一种网卡，它是笔记本式计算机使用的总线。USB接口网卡是外置式的，具有不占用计算机扩展槽的优点，主要是为了满足没有内置网卡的笔记本式计算机用户。需要指出的是，目前绝大多数网卡都集成于主板上。

 任务实施

1．准备工作

1）检查操作系统及主板驱动程序是否已经正确安装。

2）记录好显卡、声卡及网卡等组件的型号及规格。

3）准备好显卡、声卡及网卡驱动程序安装源（通常保存于光盘或U盘）。

4）检查光驱或USB接口能否正常工作。

2．安装显卡驱动程序

在完成了主板驱动程序安装后，接下来可以安装其他板卡的驱动程序了。通常，先安装显卡驱动程序。具体操作如下：

（1）观察安装前的显示属性

为了更好地理解驱动程序安装前后的变化及驱动程序的作用，打开控制面板，在更改显示器的外观窗口中单击"高级设置"按钮，在弹出的"监视器和属性"窗口中选择"适配器"选项卡；另外，选中桌面上的"计算机"后单击鼠标右键，在弹出的快捷菜单中选择"设备管理器"命令，如图6-5所示。

由于没有安装好显卡驱动程序，因此适配器选项卡中无相关信息。同时，设备管理器中视频控制器前出现黄色感叹号。另外，当浏览一幅彩色图片时，会明显感到不舒服。

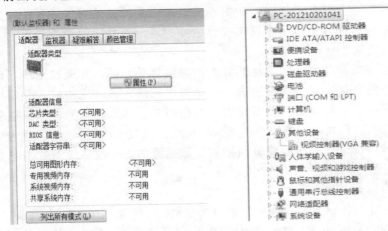

图6-5　未安装显卡驱动前的信息

（2）安装过程

通常显卡驱动程序源文件保存于光盘中，将其放入光驱，找到安装程序后双击使其运行。

1）启动安装向导。目前绝大部分安装程序以安装向导的方式指导用户完成板卡驱动程序的安装，操作相对简单。启动安装向导后，首先是释放安装包中的相应文件。

2）欢迎窗口。完成了解压缩后，自动进入如图6-6所示的欢迎界面，单击"下一步"按钮进入真正的安装过程。

3）安装过程。在安装过程中，自动弹出程序安装许可协议和显卡信息，然后，显卡驱动程序的安装解压缩进程指示窗口显示安装进度。

4）完成安装。驱动程序安装成功，弹出如图6-7所示的窗口，要求重新启动计算机。

图6-6　欢迎窗口

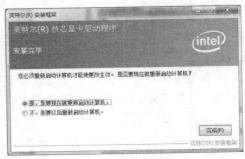

图6-7　完成显卡驱动程序安装

（3）设置显示属性

重启计算机后，显卡才真正生效。再次打开显视器与显卡窗口，同时打开设备管理器并展开显示适配器，如图6-8所示。此时，可以清楚地看到显卡的所有信息。对照图6-5，可以发现显卡安装前后的明显变化。

此时可以通过控制面板对显示参数进行设置了，如分辨率等。此时浏览一幅彩色图片会感觉清晰、自然多了。

图6-8　安装显卡驱动后的信息

3.　安装声卡驱动程序

声卡驱动程序的安装过程与显卡大致相同，在安装前一定要清楚计算机中声卡的型号，正确运行安装源中对应的安装程序，下面以常用的Realtek声卡为例，简述驱动程序安装过程。

（1）启动安装向导　首先运行安装程序，出现如图6-9所示的安装向导欢迎窗口。单击"下一步"按钮，进入安装过程。

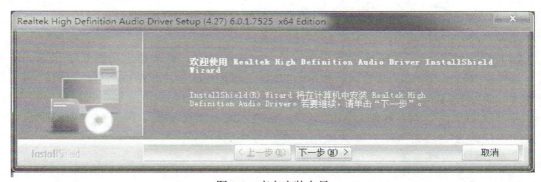

图6-9　声卡安装向导

（2）安装进程　进入安装过程后，自动弹出进程指示窗口显示安装进度。

（3）完成安装　结束安装后，在提示窗口中单击"完成"按钮，重新启动计算机。

（4）检查安装情况　重启计算机后，打开设备管理器，展开声音、视频和游戏控制器项目内容，如图6-10所示，出现具体型号表明声卡驱动程序已经安装成功。

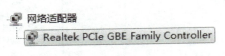

图6-10　声卡型号

4．安装网卡驱动程序

网卡驱动程序的安装过程与显卡、声卡基本相同，因此不再详述。由于操作系统安装盘中内置了部分常用网卡驱动程序，因此在安装好操作系统的同时可能会发现网卡驱动程序已经安装成功。

检查网卡是否已经正确安装的方法是：通过打开"设备管理器"，在如图6-11所示的窗口中，如果能展开网卡项目内容，并且在具体的网卡型号前面没有黄色的问号，则表示已正确安装。

Realtek PCIe GBE Family Controller

图6-11　网卡型号

知识链接

1．显卡主要性能指标

（1）显存容量　显存容量是显卡上本地显存的容量数，这是显卡的关键参数之一。显存容量的大小决定着显存临时存储数据的能力，在一定程度上也会影响显卡的性能。显卡显存容量有128MB、256MB、512MB、1024MB几种，目前主流的是2GB、4GB、6GB的产品。

（2）最大分辨率　显卡的最大分辨率是指显卡在显示器上所能描绘的像素点的数量。分辨率越大，所能显示的图像的像素点就越多，并且能显示更多的细节，当然也就越清晰。

（3）显存位宽　显存位宽是显存在一个时钟周期内所能传送数据的位数，位数越大则瞬间所能传输的数据量越大，这是显存的重要参数之一。市场上的常见显存位宽有128位、192位、256位、384位、512位和1024位六种。

（4）刷新频率　刷新频率指图像在屏幕上更新的速度，即屏幕上每秒显示全画面的次数，其单位是Hz。75Hz以上的刷新频率带来的闪烁感一般人眼不容易察觉，因此，为了保护眼睛，最好将CRT显示刷新频率调到75Hz以上。

对于LCD来说则不存在刷新率的问题，它根本就不需要刷新。因为LCD中每个像素都在持续不断地发光，直到不发光的电压改变并被送到控制器中，所以LCD不会有"不断充放电"而引起的闪烁现象。

（5）色彩位数（彩色深度）　图形中每一个像素的颜色是用一组二进制数来描述的，这组描述颜色信息的二进制数长度（位数）就称为色彩位数。色彩位数越高，显示图形的色彩越丰富。通常所说的标准VGA显示模式是8位显示模式，即在该模式下能显示256种颜色；增强色（16位）能显示65 536种颜色；24位真彩色能显示1677万种颜色。

（6）显存频率　　显存频率是指默认情况下，该显存在显卡上工作时的频率，以MHz为单位。显存频率随着显存的类型、性能的不同而不同。目前低端的显卡也在500MHz以上，中高端显卡显存频率主要有1600MHz、1800MHz、3800MHz、4000MHz、5000MHz等。

2. 声卡主要指标

（1）采样位数　　采样位数是指声卡在采集和播放声音文件时所使用数字声音信号的二进制位数，即进行A—D、D—A转换的精度。目前有8位、12位、16位和32位。位数越高，采样精度越高，所录制的声音质量也越好。

（2）采样频率　　采样频率是指录音设备在1秒内对声音信号的采样次数，即每秒采集声音样本的数量，采样频率越高声音的还原就越真实越自然。在当今的主流声卡中，采样频率一般共分为22.05kHz、44.1kHz、48kHz三个等级，22.05kHz只能达到FM广播的声音品质，44.1kHz则是理论上的CD音质界限，48kHz则更加精确一些。对于高于48kHz的采样频率人耳已无法辨别出来了，所以在计算机上没有多少使用价值。

（3）复音数量　　声卡中"32""64"的含义是指声卡的复音数，而不是声卡上的DAC（数模变换）和ADC（模数变换）的转换位数（bit）。它代表了声卡能够同时发出多少种声音，复音数越大，音色就越好，播放MIDI时可以听到的声部越多、越细腻。

技能拓展

在新购计算机并首次安装软件时，主板、显卡、声卡与网卡等板卡的驱动程序均能轻松找到，但过一定时间后，情况会有很大变化。一方面，存放主板、显卡、声卡与网卡等驱动程序的光盘可能丢失，另外一方面，要打开机箱找出这些板卡的型号也不方便。随着网络的普及，驱动精灵软件解决了日常装机中的这一难题，其图标如图6-12所示。驱动精灵是一款集驱动管理和硬件检测于一体的、专业级的驱动管理和维护工具。驱动精灵为用户提供驱动备份、恢复、安装、删除、在线更新等实用功能。

图6-12　驱动精灵图标

1）用户有一台使用多年的计算机，由于用户操作不当或者操作系统更新，导致计算机的显卡驱动程序遭到破坏甚至完全丢失。此时计算机显示系统就会运行不正常。遇到以上情况，要用户打开机箱查看显卡型号或者寻找显卡购买时配置的驱动程序显然难度较大，甚至不可能顺利找到原有的显卡驱动程序。遇到这种情况该怎么办呢？

①首先，需要通过驱动精灵官方网站下载驱动精灵软件最新版本，并且安装该软件。

②运行驱动精灵软件，单击"立即检测"按钮。驱动精灵能识别计算机硬件，匹配相应驱动程序并提供快速的下载与安装。计算机硬件检测功能让计算机配置一清二楚。

③在"驱动管理"项目中，罗列计算机系统的硬件驱动程序的信息。此时显卡项目中就会提示"安装"驱动程序。单击"安装"按钮，系统就会安装该系统显卡的最新驱动程序。

④显卡驱动安装完成后，计算机系统的显示功能就能正常运行。在"驱动管理"选项中单击"查看全部驱动程序"按钮，找到对应的显卡项，单击"备份"按钮，选择除系统盘以外的存储空间，将显卡驱动程序进行有效备份。这样就再也不怕驱动程序丢失或损坏了。

2）一台计算机要重装操作系统，此时原有的计算机安装的硬件驱动程序也将全部重新安装。如何在重装操作系统前成功地备份计算机硬件系统的所有驱动程序呢？利用驱动精灵可以方便完成任务。

①运行驱动精灵，单击"立即检测"按钮，确保计算机硬件系统均成功安装对应的驱动程序。

②选择"百宝箱"→"驱动备份"命令。界面显示出整台计算机系统的所有硬件设备及对应的型号，以及相应的驱动程序信息。用户对"备份路径"进行设置。注意：不能将驱动程序备份到系统盘中，否则重装系统后，系统盘数据完全丢失，原来备份的驱动程序就无法恢复。

③单击"一键备份"按钮，驱动精灵将计算机系统中的所有硬件驱动程序全部备份到用户设定的路径中。

④当用户重装计算机操作系统后，就可以顺利地找到该计算机的硬件驱动程序进行安装。或者在新操作系统中安装"驱动精灵"软件，选择"百宝箱"→"驱动还原"命令，找到之前备份的路径，进行还原。

任务3　安装打印机及常用外设

任务描述

正确安装打印机硬件及驱动程序，使之正常工作。

任务分析

通过本项目任务1的操作，大家已经掌握了计算机内部板卡驱动程序的安装方法，也充分理解了驱动程序的作用。这里，以打印机为例，说明常用外部设备的安装方法。

其实，不管是计算机内部的组件还是外部设备，安装方法大致相同，无非是正确安装硬件设备与驱动程序两个方面。

知识准备

1. 打印机

（1）打印机的类型及原理

打印机（Printer）是计算机的输出设备之一，用于将计算机处理结果打印在相关介质上。按打印元件对纸是否有击打动作，分击打式打印机与非击打式打印机。按工作方式，分为针式打印机、喷墨式打印机和激光打印机等。

1）针式打印机，如图6-13所示。它是典型的击打式打印机，是利用打印针撞击色带和打印介质打印出点阵组成的字符和图形来进行工作的。它的特点是结构相对简单，耗材费用低，性价比好，纸张适应面广，其多层复制功能是喷墨、激光等非击打式打印机所不具备的；但它也具有噪声较高、分辨率低、打印针易损等缺点。针式打印机按针数可分为9针和24针两种。目前针式打印机主要应用于银行、超市等用于票单打印的地方。

2）激光打印机，如图6-14所示。它是一种非击打式打印机，利用电子成像技术实现打印，属于页式打印方式，打印速度范围从几页至上百页。激光打印机具有输出速度快、噪声低、成本低而且输出的文本质量高的特点，但它对打印纸张的要求比针式打印机严格，且不能多层复制复写。激光打印机在近几年发展很快，已是最主要的三类打印机之一，它在办公、印刷照排、网络打印等领域得以广泛应用。

3）喷墨打印机，如图6-15所示。它是继针式打印机之后发展起来的一种高速打印设备，通过喷嘴将很小的黑色或彩色的墨滴喷射到打印纸上，在强电场作用下把墨滴高速喷射在纸上形成图像或文字。喷墨打印机具有更为灵活的纸张处理能力，既可以打印信封、信纸等普通介质，还可以打印各种胶片、照片纸、光盘封面、卷纸、T恤转印纸等特殊介质。现在的喷墨打印机分为单色和彩色两种。喷墨打印机和针式打印机截然不同，它在打印时噪声低，而且速度快。

从目前市场来看，彩色喷墨打印机的代表厂商有爱普生（EPSON）、佳能（CANON）、惠普（HP）和利盟（LEXMARK）等。激光打印机代表厂商有爱普生（EPSON）、佳能（CANON）、惠普（HP）、利盟（LEXMARK）、富士通（FUJITSU）、松下（Panasonic）、施乐（Xerox）等。

图6-13　针式打印机

图6-14　激光打印机

图6-15　喷墨打印机

（2）打印接口

目前市场上打印机产品的主要接口类型有LPT并行接口、专业的SCSI接口以及目前主流的USB串行接口。

2. 数字照相机

数字照相机是一种非胶片新型照相机，如图6-16所示。数字照相机主要由镜头、光电转换器件、模—数转换器、微处理器、内置存储器、液晶屏幕、锂电池及接口等组成。

光电转换器件接收从镜头传来的光信号，由光电转换器件把光信号转换成对应的模拟电信号，再经过模—数转换器转换为数字信号，最后利用数字照相机中固化的程序（压缩

图6-16　数字照相机

算法）按照指定的文件格式，将图像以二进制数码的形式存入存储介质中。存储在数字照相机内存储卡上的数字图片影像，可以输出到计算机中保存或作进一步的处理。

3. 扫描仪

扫描仪属于输入设备，如图6-17所示。扫描仪对原稿进行光学扫描，然后将光学图像传送到光电转换器中转变为模拟电信号，又将模

图6-17　扫描仪

拟电信号变换成为数字电信号，最后通过计算机接口送至计算机中。部分扫描仪配合识别系统后，可转换图像、表格及文字等。

扫描仪主要由机械传动部分、光学成像部分和转换电路部分组成，这几部分相互配合，将反映图像特征的光信号转换为计算机可接受的电信号。

机械传动部分包括步进电机、扫描头及导轨等，主要负责主板对步进电机发出指令带动皮带，使镜组按轨道移动完成扫描。光学成像部分是扫描仪的关键部分，也就是通常所说的镜组。扫描仪的核心是完成光电转换的光电转换部件，目前大多数扫描仪采用的光电转换部件是电荷藕合器件（CCD），它可以将照射在其上的光信号转换为对应的电信号。然后由电路部分对这些信号进行A—D转换及处理，产生对应的数字信号输送给计算机。

扫描仪的接口通常分为SCSI、EPP、USB三种。

4．投影仪

投影仪又称投影机，是计算机输出设备之一，如图6-18所示。它是一种可以将图像或视频投射到幕布上的设备，可以通过不同的接口与计算机、VCD、DVD、BD、游戏机、DV等相连接播放相应的视频信号。

图6-18　投影仪

投影仪早期主要是CRT投影仪，现在主流的就两种，分别是LCD投影仪和DLP投影仪。LCD投影仪的技术是透射式投影技术，目前最为成熟。DLP投影仪的技术是反射式投影技术，是目前高速发展的投影技术。

根据使用方式，投影仪可分为台式投影仪、便携式投影仪、落地式投影仪、反射式投影仪、透射式投影仪、单一功能投影仪、多功能投影仪、智能投影仪。

投影仪的接口常用的有VGA接口、HDMI接口、带网口投影仪三种。

任务实施

1．准备工作

1）检查操作系统是否正确安装；检查内部板卡是否正确运行。

2）记录好打印机品牌及具体型号。

3）准备打印机驱动程序安装源。

4）放置好打印机。

以惠普打印机为例，介绍安装过程。

2．安装驱动程序

（1）运行安装程序　通常驱动程序保存于随机的光盘中，光盘上有明显的品牌及型号字样。将光盘放入光驱后，通常会自动运行。单击"下一步"按钮后进入打印机驱动程序安装向导。

（2）安装向导　有了安装向导的指引，整个安装过程容易多了，如图6-19所示。

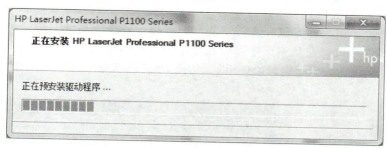

图6-19　安装向导

在完成了文件复制等必要的驱动程序安装工作后，系统提示将打印机连接至计算机，如图6-20所示。

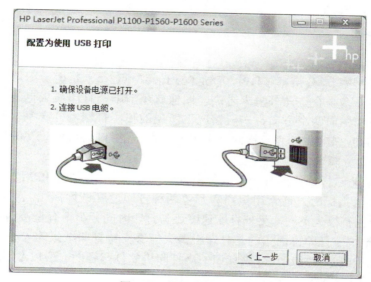

图6-20　提示连接打印机

3．安装打印机硬件

（1）连接数据线与电源线　首先要清楚打印机的接口类型，本例中为常用的USB方式。将数据线的一头与打印机相连，另一头与计算机的USB接口连接。同时将一根电源线插入打印机的电源插座。

（2）打开打印机电源　检查打印机与计算机已经正确连接后，开启打印机电源。

4．安装设备驱动程序

打开打印机电源后，系统将自动检测打印机。通常选择这种方式，让计算机自动检测打印机的型号与端口，并按窗口提示完成余下的安装过程。如果长时间无法检测到打印机，那么可以选择手动设置的方式来完成余下的安装过程。

5．完成安装

完成驱动程序安装后，安装向导通常要求重新启动计算机。正确安装打印机后，通过执行开始菜单的"设备与打印机"命令，看到了安装好的打印机图标，如图6-21所示。

6. 打印测试与设置

选中打印机，单击鼠标右键，在弹出的快捷菜单中选择"属性"命令，弹出如图6-22所示的打印机属性窗口。在此窗口中可以通过单击"打印测试页"按钮来检查刚才的安装工作是否已经完全成功；同时也可以使用其中的7个选项卡对打印机进行设置及维护。

图6-21　打印机图标

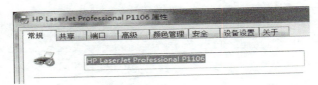

图6-22　打印机属性

 知识链接

1. 打印机的性能指标

（1）打印分辨率　分辨率（DPI，Dot Per Inch，点/in）是衡量图像清晰度最重要的指标，就是每英寸多少个点。分辨率越高，图像就越清晰，打印质量也就越好。打印分辨率一般包括纵向和横向两个方向，一般情况下所说的喷墨打印机分辨率就是指横向喷墨表现力。如800×600，其中800表示横向（水平）方向上的打印分辨率，600则表示纵向（垂直）方向上的打印分辨率。

（2）打印速度　打印机的打印速度是用每分钟打印多少页纸（PPM）来衡量的，厂商在标注产品的技术指标时，通常用黑白和彩色两种打印速度进行标注，而在打印图像和文本时，打印速度也有很大不同，另外打印速度还与打印时的分辨率有直接的关系。

（3）打印幅面　打印幅面指的是打印机最大能够支持打印纸张的大小。它的大小是用纸张的规格来标识或是直接用尺寸来标识的。打印机的打印幅面一般以A4为主。A2、A5幅面的打印机一般用于CAD、广告设计、印刷出版等行业。

（4）色彩数目　打印机总体分黑白与彩色两种，对于彩色打印机来说，墨盒数越多色彩就越丰富。现在有四色和六色打印机，能够更细致地表现色彩。

2. 数字照相机主要性能指标

数字照相机的性能指标有很多，这里介绍最主要的几个：

（1）数字照相机的像素　像素是衡量数字照相机的最重要指标，像素指的是数字照相机的分辨率。数字照相机的图像质量是由像素决定的，像素越大，照片的分辨率也越大。早期的数字照相机都是低于100万像素的，目前普通数字照相机像数通常在800万像素到2000万像素之间。

（2）存储能力　存储媒体的存储能力是用GB来表示的。同一存储能力的存储媒体，存储不同分辨率影像文件，最大可存储的影像幅数是不同的，分辨率越高，可存的幅数就越少，而且还和采用的压缩方式有关。

（3）色彩深度　色彩深度也称色彩位数，它是用来表示数字照相机的色彩分辨能力。数字照相机的色彩位数越多，就意味着可捕获的细节数量也越多，就越有可能真实地还原画面细节。

（4）变焦倍数　数字照相机镜头的变焦倍数直接关系到数字照相机对远处物体的抓取水平。数字照相机变焦越大，对远处物体拍得越清楚，反之亦然。因此，选择变焦大的数字照相机，可以在外出时有效摄取远处景色。数字照相机变焦分为光学变焦（物理变焦）和数字变焦。其中真正起作用的是数字照相机光学变焦，数字照相机数字变焦只是使被摄物体在取景器中显示大，对物体的清晰程度没有任何作用，要注意区分。

3. 投影仪主要性能指标

投影仪的性能指标是区别投影仪档次高低的标志，主要有以下几个指标：

（1）光输出　它是指投影仪输出的光通量，单位为流明（lm）。与光输出有关的一个物理量是照度，是指屏幕表面受到光照射发出的光通量与屏幕面积之比，照度的单位是勒[克斯]（lx）。决定投影仪光输出的因素有投影及荧光屏面积、性能及镜头性能、通常荧光屏面积越大光输出越大。

（2）水平扫描频率　电子在屏幕上从左至右的运动叫作水平扫描，也叫行扫描。每秒扫描次数叫作水平扫描频率，视频投影仪的水平扫描频率是固定的，为15.625kHz（PAL制）或15.725kHz（NTSC制）。水平扫描频率是区分投影仪档次的重要指标。频率范围在15～60kHz的投影仪通常叫作数据投影仪。上限频率超过60kHz的通常叫作图形投影仪。

（3）垂直扫描频率　电子束在水平扫描的同时，又从上向下运动，这一过程叫垂直扫描。每扫描一次形成一幅图像，每秒扫描的次数叫作垂直扫描频率，垂直扫描频率也叫刷新频率，它表示这幅图像每秒刷新的次数。垂直扫描频率一般不低于50Hz，否则图像会有闪烁感。

（4）视频分辨率　视频分辨率是指投影仪在显示复合视频时的最高分辨率。

拓展训练

1. 训练目的
掌握打印机的安装方法。

2. 训练内容
1）正确连接打印机与计算机。

2）正确安装打印机驱动程序，并使其正常工作。

3. 设备及工具
已经安装好板卡驱动程序的计算机，打印机。

4. 训练步骤
1）记录打印机品牌、型号及规格。

2）阅读打印机说明书，检查驱动程序是否齐全。

3）将打印机构件安装好，并连接到位（不通电）。

4）启动打印机驱动安装程序，按安装向导完成软件及硬件的安装。

5）打印测试页。

6）妥善保管好打印机驱动程序及说明书。

5. 训练记录
打印机品牌：＿＿＿＿＿＿＿＿　型号及规格：＿＿＿＿＿＿＿＿。

主要性能指标：_____。

驱动程序存储介质：□U盘　□光盘　□其他

测试页情况：□正常　□无法打印

✎ 习题

1. 简答题

1）驱动程序的作用是什么？通常按何种次序安装各种组件的驱动程序？

2）显卡由哪几个部分组成？其主要性能指标有哪些？

3）声卡是如何工作的？其主要性能指标有哪些？

4）常用外部设备有哪些？其作用（用途）分别是什么？

5）投影仪的技术指标有哪些？

6）驱动精灵的功能是什么？

2. 填空题

1）目前，常用显卡一般分为_____与_____两种接口方式。

2）声卡的主要技术参数包括：_____、_____和复音数量等。

3）按照接口类型，网卡可分为：_____、_____和PCMCIA三种类型。

4）扫描仪目前采用的接口方式主要是_____、_____和SCSI三种类型。

3. 单项选择题

1）在显示器中，组成图像的最小单位是（　　）。

    A. 栅距　　　　　　B. 分辨率　　　　　C. 点距　　　　　D. 像素

2）计算机标准输出设备指（　　）。

    A. 鼠标器　　　　　B. 卡片阅读机　　　C. 键盘　　　　　D. 显示器

3）下列设备中属于输入设备的是（　　）。

    A. 打印机　　　　　B. 扫描仪　　　　　C. 显示器　　　　D. 绘图仪

4）下列打印机中，打印速度最快的是（　　）。

    A. 激光打印机　　　B. 喷墨打印机　　　C. 铅字打印机　　D. 针式打印机

项目7　安装常用应用软件

学习目标

1）了解常用应用软件的分类和作用，了解Office办公软件的常用组件。
2）熟练安装Office 2010办公软件。
3）理解病毒防治基本知识、掌握病毒分类与特点。
4）了解常用的杀毒软件，熟练安装杀毒软件保护计算机安全。
5）熟练安装WinRAR软件。

任务1　安装Office办公软件

任务描述

使用Office软件可以帮助人们更好地完成日常办公。尽管现在的Office组件越来越趋向于集成化，但各个组件仍有着比较明确的分工，一般说来，Word主要用来进行文本的输入、编辑、排版、打印等工作；Excel主要用来进行有繁重计算任务的预算、财务、数据汇总等工作；PowerPoint主要用来制作演示文稿和幻灯片及投影片等；Access是一个桌面数据库系统及数据库应用程序；Outlook主要用来收发电子邮件；FrontPage主要用来制作和发布互联网的Web页面。

任务分析

在前面的操作中已经成功安装好了操作系统及驱动程序，为安装Office软件创造了条件。安装不同版本的Office软件方法大致相同，下面以Office 2010为例，叙述安装要点。

知识准备

1. 常用应用软件分类

日常学习和生活以及计算机管理中，经常会用到一些工具软件。文档编辑和文稿演示需要使用办公软件，在学习和娱乐活动中，经常会使用音频和视频媒体播放软件，杀毒软件用来保护计算机的安全，使用压缩软件进行文件压缩可以节省硬盘空间。下面从日常使用频率的角度做简单分类与介绍。

（1）Office软件

Microsoft Office是一套由微软公司开发的办公软件，Office的版本也随着操作系统的不断升级而提高，从Office 97、Office 2000、Office XP、Office 2003、Office 2007发展到目前比较流行的Microsoft Office 2010版本。Office办公软件的常用组件主要包括Word、Excel、Outlook、PowerPoint及Access。

（2）杀毒软件

随着网络的普及，在人们感受到网络带来的便利和效率的同时，计算机病毒也成为大家日常谈论的话题。文件损坏与丢失、计算机运行速度变慢以及操作系统崩溃差不多已经成为用户判断计算机中毒的依据，360杀毒、瑞星、金山毒霸、百度杀毒等查杀毒软件也随之成为保护计算机的一道重要屏障。

（3）常用工具软件

工具软件分类比较多，常用的有压缩工具、下载工具、图像浏览、系统工具、光盘刻录工具等，如果对文件或者文件夹进行压缩，则可以使用WinRAR或WinZip等压缩工具；如果对所拍的数字照片进行浏览或者简单处理，可以使用美图秀秀等图像编辑软件；将文件刻录到光盘内，可以使用Nero等光盘刻录工具。

（4）网络通信软件

即时通信软件常用的是QQ与微信。腾讯QQ是腾讯公司开发的一款基于Internet的即时通信（Instant Messaging，IM）软件。腾讯QQ支持在线聊天、视频通话、点对点断点续传文件、共享文件、网络硬盘、自定义面板、QQ邮箱等多种功能，并可与多种通信终端相连。微信也是腾讯公司于2011年1月21日推出的一个为智能终端提供即时通信服务的免费应用程序，微信支持跨通信运营商、跨操作系统平台通过网络快速发送免费（需消耗少量网络流量）语音短信、视频、图片和文字。

（5）影视播放软件

常用的影视播放软件有Windows Media Player和暴风影音等。Windows Media Player是一款Windows系统自带的播放器，支持通过插件增强功能，在Windows 7及以后的版本，支持换肤。暴风影音播放器兼容大多数的视频和音频格式，也是大家最喜爱的播放器之一，因为它的播放能力是很强的。

（6）设计软件

设计软件因应用范围的不同区别较大，往往由工作性质所决定。例如，从事图片处理需要安装Photoshop、从事制图工作需要安装AutoCAD、从事网页设计需要安装Dreamweaver等软件。

2. Microsoft Office概述

Microsoft Office是微软公司开发的一套基于 Windows 操作系统的办公软件套装。与办公室应用程序一样，它包括联合的服务器和基于互联网的服务。Microsoft Office办公软件套装包括多个组件，可以根据使用者的实际需求，选择不同的组件。

（1）Microsoft Office Word

Microsoft Office Word是文字处理软件。它被认为是Office 的主要程序。它在文字处理软件市场上拥有统治份额。它私有的DOC格式被尊为一个行业的标准。

（2）Microsoft Office Excel

Microsoft Office Excel 是电子数据表程序，主要用于数据处理，是最早的Office组件。

Excel内置了多种函数，可以对大量数据进行分类、排序甚至绘制图表等。

（3）Microsoft Office Outlook

Microsoft Office Outlook是个人信息管理程序和电子邮件通信软件。它与系统自带的Outlook Express 是不同的：它包括一个电子邮件客户端、日历、任务管理者和地址本，它的功能比Outlook Express 更加强大。

（4）Microsoft Office PowerPoint

Microsoft Office PowerPoint是微软公司设计的演示文稿软件。用户不仅可以在投影仪或者计算机上进行演示，也可以将演示文稿打印出来，制作成胶片，以便应用到更广泛的领域中。利用 PowerPoint 不仅可以创建演示文稿，还可以在互联网上召开面对面会议、远程会议或在网上给观众展示演示文稿。演示文稿中的每一页叫幻灯片，每张幻灯片都是演示文稿中既相互独立又相互联系的内容。

（5）Microsoft Office Access

Microsoft Office Access是由微软发布的关联式数据库管理系统。Microsoft Office Access能够存取Access/Jet、Microsoft SQL Server、Oracle或者任何ODBC兼容数据库内的资料。熟练的软件设计师和资料分析师利用它来开发应用软件。

 任务实施

1．准备工作

1）确保操作系统、设备驱动程序已经安装好。

2）准备好Office 2010安装光盘。

3）查看磁盘空间，选择好安装目标磁盘。

2．实施步骤

（1）启动安装程序

将Office 2010安装盘放入光驱后系统会自动运行安装程序，如果不能自动运行安装程序，则双击光盘内的Setup安装文件，同样可以启动安装程序。

（2）安装过程

1）安装程序正在准备，会自动进入下一个界面，如图7-1所示。

图7-1 安装程序正在准备

2）接受软件许可证条款。在图7-2所示的软件许可协议界面，选择"我接受此协议的条款"复选框，然后单击"继续"按钮。

3）选择所需的安装。对于如图7-3所示的界面，单击"立即安装"按钮，软件就会帮助用户按照厂商的初始设定安装一些必要的组件。单击"自定义"按钮，将由用户自己选择将要安装的组件和安装的位置。

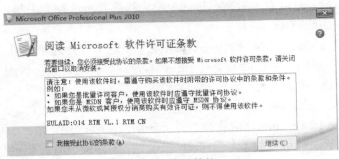

图7-2 许可协议

图7-3 选择所需的安装

4）选择自定义安装。如图7-4所示的安装选项，用户可以自定义需要安装的组件，取消不使用的组件。

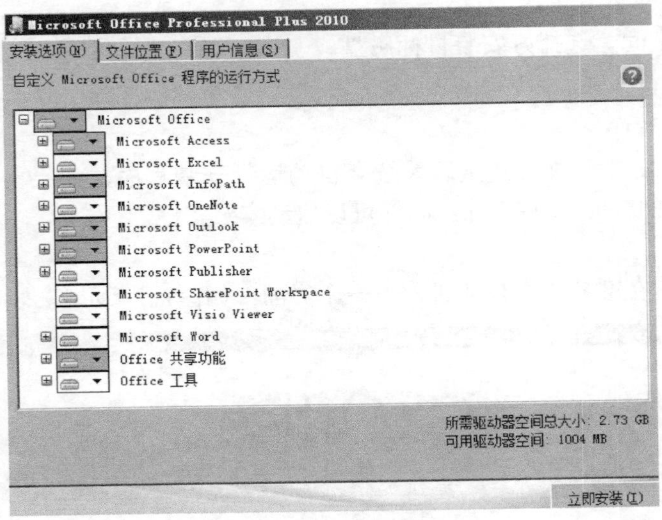

图7-4 安装选项

在如图7-5所示的对话框中，选择"文件位置"选项卡，可以自定义文件安装的位置，使用默认的安装位置就可以了（建议在分区时考虑Office软件的安装空间）。

在如图7-6所示的对话框中，选择"用户信息"选项卡，输入使用者的个人信息。之后单击"立即安装"按钮。

5）安装进度。在完成了一系列的选择后，真正进入了如图7-7所示的安装进程。安装进程需要一定的时间，注意观察进度指示条的变化。

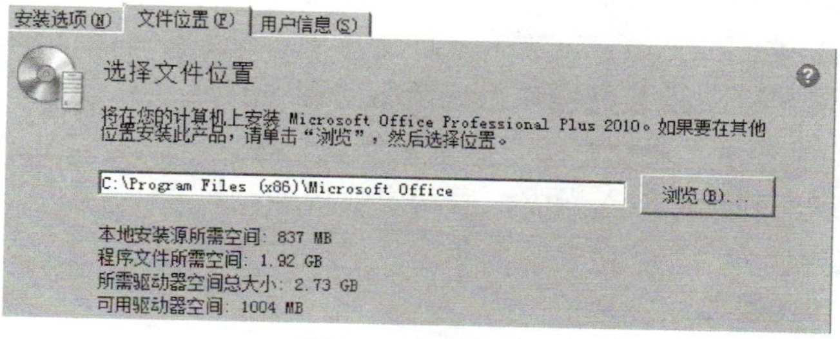

图7-5 文件位置

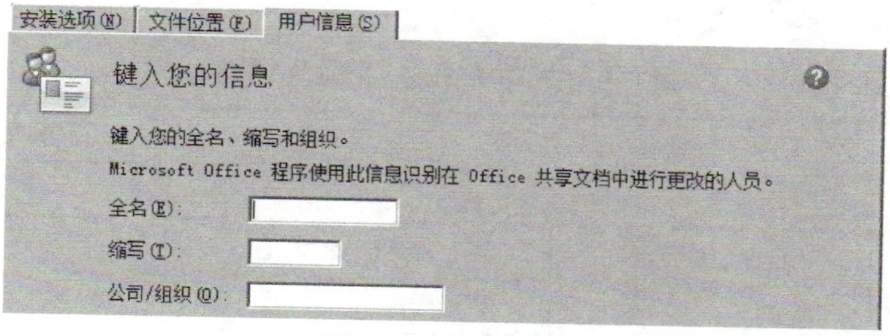

图7-6 用户信息

图7-7 安装进度

（3）完成安装

出现如图7-8所示的界面，说明Office 2010软件已经安装完成。单击"关闭"按钮，完成安装。记得将放在光驱中的安装光盘取出并保管好。

图7-8 安装完成

1. 练习目的

通过Office软件的安装，掌握常用应用软件的安装要点。

2. 操作内容

安装Office 2010办公软件。

3．实训设备

项目6安装好驱动程序的计算机，Office 2010安装光盘。

4．操作步骤和要求

1）正常启动计算机（已安装好操作系统及驱动程序）。

2）检查C盘、D盘容量及剩余空间，并确定安装目标文件夹。

3）将Office 2010安装光盘放入光驱，启动安装程序。

4）完成安装过程。

5）运行Office 2010软件。

5．实训记录

将操作情况记录在表7-1中。

表7-1　安装Office应用软件记录

1	安装源	Office 2010软件大小		安装文件名	
2	目标文件夹	目标盘总容量	目标盘剩余空间		路径
3	安装过程	开始时间		结束时间	
4	Office组件				

任务2　安装杀毒软件

 任务描述

随着互联网的迅速发展，人们对计算机使用越来越多，用户时常会在浏览网站、接收文件过程中无意识的受到病毒的困扰，病毒可能删除用户的资料、破坏文件存储结构、格式化硬盘、修改引导扇区等，往往令用户损失很大。因此需要安装杀毒软件给计算机添加一道安全屏障。

 任务分析

安装杀毒软件已经成为计算机接入网络的前提条件，本项目以360杀毒软件为例介绍安装要点。

 知识准备

1988年11月2日下午，美国康奈尔大学的计算机科学系的一位研究生将其编写的蠕虫程序输入计算机网络，致使这个拥有数万台计算机的网络被堵塞。这件事在计算机界引起了巨大反响，震惊全世界，从而也更进一步促使人们加强了对计算机病毒的防治工作。

1. 计算机病毒的定义

计算机病毒（Computer　Virus）在《中华人民共和国计算机信息系统安全保护条例》中被明确定义，病毒指"编制者在计算机程序中插入的破坏计算机功能或者破坏数据，影响计算机使用并且能够自我复制的一组计算机指令或者程序代码"。

计算机病毒与医学上的"病毒"不同，计算机病毒不是天然存在的，是人利用计算机软件和硬件所固有的脆弱性编制的一组指令集或程序代码。它能潜伏在计算机的存储介质（或程序）里，条件满足时即被激活，通过修改其他程序的方法将自己精确复制或者可能演化的形式放入其他程序中。从而感染其他程序，对计算机资源进行破坏，所谓的病毒就是人为造成的，对其他用户的危害性很大。

2. 计算机病毒的特点

（1）破坏性

一般来说，凡是由软件手段能触及到计算机资源的地方均可能受到计算机病毒的破坏。其表现为：占用CPU时间内存开销，从而造成进程堵塞；对数据或文件进行破坏；打乱屏幕的显示等；严重时，病毒能够破坏数据或文件，使系统丧失正常的运行能力。

计算机病毒寄生在其他程序之中，当执行这个程序时，病毒就起破坏作用，而在未启动这个程序之前，它是不易被人发觉的。

（2）传染性

计算机病毒不但本身具有破坏性，更有害的是具有传染性，一旦病毒被复制或产生变种，其速度之快令人难以预防。

（3）潜伏性

计算机病毒的传染性是指其依附于其他媒体而寄生的能力。病毒程序大都混杂在正常程序中，有些病毒像定时炸弹一样，让它什么时间发作是预先设计好的。比如"黑色星期五"病毒，不到预定时间一点都觉察不出来，等到条件具备的时候就爆炸开来，对系统进行破坏。

（4）隐蔽性

计算机病毒具有很强的隐蔽性，有的可以通过病毒软件检查出来，有的根本就查不出来，有的时隐时现、变化无常，这类病毒处理起来通常很困难。

（5）触发性

有些计算机病毒被设置了一些触发条件，只有当满足了这些条件时才会实施攻击。比较常见的就是日期条件。

3. 计算机病毒的分类

根据破坏性分类，可将病毒划分为良性病毒、恶性病毒、极恶性病毒和灾难性病毒。

根据传染方式分类，可将病毒划分为引导区型病毒、文件型病毒、混合型病毒和宏病毒。引导区型病毒主要通过引导盘在操作系统中传播，感染引导区，蔓延到硬盘，并能感染到硬盘中的"主引导记录"；文件型病毒是文件感染者，也称为寄生病毒。它运行在计算机存储器中，通常感染扩展名为COM、EXE、SYS等类型的文件；混合型病毒具有引导区型病毒和文件型病毒两者的特点；宏病毒是指用BASIC语言编写的病毒程序寄存在Office文档上的宏代码，宏病毒影响对文档的各种操作。

根据连接方式分类，可将病毒划分为源码型病毒、入侵型病毒、操作系统型病毒和外壳型病毒。源码型病毒攻击高级语言编写的源程序，在源程序编译之前插入其中，并随源程序一起编译、连接成可执行文件。源码型病毒较为少见，也难以编写；入侵型病毒可用自身代替正常程序中的部分模块或堆栈区。因此这类病毒只攻击某些特定程序，针对性强。一般情况下也难以被发现，清除起来也较困难；操作系统型病毒可用其自身部分加入或替代操作系统的部分功能。因其直接感染操作系统，这类病毒的危害性也较大；外壳型病毒通常将自身附在正常程序的开头或结尾，相当于给正常程序加了个外壳。大部分的文件型病毒都属于这一类。

4. 常见杀毒软件

（1）360杀毒软件

360杀毒是360安全中心出品的一款免费的云安全杀毒软件。具有查杀率高、资源占用少、升级迅速等优点。一键扫描，快速、全面地诊断系统安全状况和健康程度，并进行精准修复。其防杀病毒能力得到多个国际权威安全软件评测机构认可，荣获多项国际权威认证。

（2）瑞星杀毒软件

瑞星杀毒软件配备瑞星最先进的四核杀毒引擎，病毒防护能力强劲。新版本重点加强了主动防御的功能，同时增加了手机防护、下载保护、聊天防护等功能。此外，新版本的瑞星杀毒软件重新设计了操作界面，比旧版本更加清爽、简洁，能够大大提升用户的操作体验。

（3）金山毒霸杀毒软件

金山毒霸融合了启发式搜索、代码分析、虚拟机查毒等经业界证明成熟可靠的反病毒技术，使其在查杀病毒种类、查杀病毒速度、未知病毒防治等多方面达到先进水平。同时金山毒霸具有病毒防火墙实时监控、压缩文件查毒、查杀电子邮件病毒等多项先进的功能。紧随世界反病毒技术的发展，为个人用户和企事业单位提供完善的反病毒解决方案。

（4）百度杀毒软件

百度杀毒软件是百度公司全新出品的专业杀毒软件，集合了百度强大的云端计算、海量数据学习能力与百度自主研发的反病毒引擎专业能力，一改杀毒软件卡机臃肿的形象，竭力为用户提供轻巧不卡机的产品体验。百度杀毒郑重承诺：永久免费、不骚扰用户、不胁迫用户、不偷窥用户隐私。

（5）诺顿杀毒软件

诺顿杀毒软件是Symantec公司个人信息安全产品之一，也是一个广泛被应用的反病毒程序。该杀毒软件特点是严密防范黑客、病毒、木马、间谍软件和蠕虫等攻击，全面保护用户信息资产，动态仿真反病毒专家系统能够分析识别出未知病毒并能自动取该病毒的特征值，自动升级本地病毒特征值库，实现对未知病毒"捕获、分析、升级"的智能化。驱动级安全保护机制，避免自身被病毒破坏而丧失对计算机系统的保护作用。

（6）卡巴斯基杀毒软件

卡巴斯基杀毒软件是一款来自俄罗斯的杀毒软件。该软件能够保护家庭用户、工作站、邮件系统和文件服务器以及网关。除此之外，还提供集中管理工具、反垃圾邮件系统、个人防火墙和对移动设备的保护，包括Palm操作系统、手提计算机和智能手机。

1. 准备工作

1）检查操作系统与驱动程序等是否已经安装好。

2）检查计算机是否连接到互联网。

3）查看磁盘空间，选择好安装目标磁盘（此类软件建议安装到C盘）。

2. 实施步骤

1）安装前关闭所有其他正在运行的应用程序。

2）打开浏览器，在地址栏中输入http://www.360.com，登录360公司官方网站，如图7-9所示。

3）在官方网站主页中找到并下载360杀毒软件，如图7-10所示。

图7-9 登陆360公司官网

图7-10 下载360杀毒软件

4）软件下载完成后单击安装包开始安装，出现"选择安装目录"窗口，一般选择默认的安装目录，如图7-11所示。

5）选择好安装目标后，单击"立即安装"按钮，360杀毒软件将自动安装，如图7-12所示。

图7-11 选择安装目录

图7-12 安装360杀毒软件

6）安装完成后进入360杀毒软件的主界面，如图7-13所示。可以单击"全盘扫描"或"快速扫描"按钮对计算机进行病毒检测。

图7-13 360杀毒软件主界面

119

7）为了保护计算机的安全，杀毒软件安装完成后要进行病毒库的升级，单击杀毒软件主界面底部的"检查更新"按钮，弹出病毒库升级窗口，如图7-14所示。

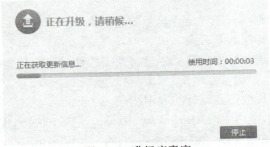

图7-14　升级病毒库

8）病毒库升级成功后，界面如图7-15所示。单击"关闭"按钮，完成360杀毒软件的安装。

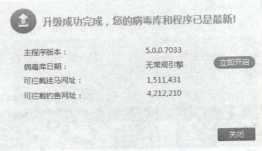

图7-15　病毒库升级完成

 知识链接

病毒的入侵必将对系统资源构成威胁，因此防止计算机病毒的入侵往往比病毒入侵后再去查找和清除重要。不管是单位还是家庭用户，应树立预防为主、查杀为辅的指导思想，养成好的习惯，从根本上将病毒拒之门外。基本的防治方法简单介绍如下。

（1）常识性判断

对于来历不明的文件（邮件、图片等）及信息不要因为好奇心而打开。计算机出现一些非法操作、死机、运行速度明显下降、设备被禁用、局域网上网堵塞或服务器不能访问等情况要及时查杀病毒。

（2）安装并定时升级杀毒软件

购置正版杀毒软件，在首次安装后用一定的时间对计算机进行一次彻底的病毒扫描，并清除发现的病毒。开启保护功能并定期升级软件，至少每周一次以保证防毒软件最新并且有效。

（3）规范存储介质的使用

1）外部存储设备连接到计算机前要进行全盘查毒。

2）在安装及升级杀毒软件的基础上，将资料保存于C盘之外，对硬盘内的资料要定期备份。

3）使用正版光盘软件。

（4）养成良好的操作习惯

设置Windows登录密码并定期进行更换。安装网络下载的应用软件时要注意不要安装捆绑的软件。对于下载的软件或资料先进行病毒扫描，然后再打开或安装。对于不良站点，及时举报。

任务3　安装压缩软件

 任务描述

WinRAR是在Windows操作系统环境下对.rar格式的文件进行管理和操作的一款压缩软件。WinRAR是目前网上非常流行和通用的压缩软件，可以选择不同的压缩比例，最大程度地减少占用体积。

 任务分析

压缩软件在人们的日常办公与生活中使用频率较高，这里以WinRAR 5.30为例加以说明。

 知识准备

1．WinRAR概述

WinRAR是一个强大的压缩文件管理工具。它能备份数据，减少E-mail附件的大小，解压缩从互联网上下载的RAR、ZIP和其他格式的压缩文件，并能创建RAR和ZIP格式的压缩文件。WinRAR是流行的压缩工具，界面友好，使用方便，在压缩率和速度方面都有很好的表现。其压缩率比高，3.x采用了更先进的压缩算法，是压缩率较大、压缩速度较快的格式之一。

WinRAR是共享软件。任何人都可以在40天的测试期内使用它。如果希望在测试过期之后继续使用 WinRAR，则必须注册。注册了WinRAR后，可以免费升级所有的最新版本。

2．WinRAR的功能

（1）WinRAR压缩率更高

WinRAR在DOS时代就一直具备这种优势，经过多次试验证明，WinRAR的RAR格式一般要比其他的ZIP格式高出10%～30%的压缩率。

（2）对多媒体文件有独特的高压缩率算法

WinRAR对WAV、BMP声音及图像文件可以用独特的多媒体压缩算法大大提高压缩率，使用WinRAR的无损压缩将WAV、BMP文件转为MP3、JPG等格式节省存储空间。

（3）能完善地支持ZIP格式并且可以解压缩多种格式的压缩包

WinRAR不但能解压缩多数压缩格式，且不需外挂程序支持就可直接建立ZIP格式的压缩文件，所以不必担心离开了其他软件如何处理ZIP格式的问题。

（4）对受损压缩文件的修复能力极强

在网上下载的ZIP、RAR类的文件往往因头部受损的问题导致不能打开，而用WinRAR调入后，只须单击界面中的"修复"按钮就可轻松修复，成功率比较高。

（5）能建立多种方式的全中文界面的全功能（带密码）

WinRAR可以具有建立多卷自解包功能，而且对自解包文件还可加上密码加以保护。

（6）压缩文件可以锁

双击进入压缩包后，执行"锁定压缩文件"命令就可以防止人为的添加、删除等操作，保持压缩包的原始状态。

 **任务实施**

1．准备工作

1）检查操作系统与驱动程序等是否已经安装好。

2）准备好WinRAR 5.30安装程序。

3）查看磁盘空间，选择好安装目标磁盘（此类软件建议安装到C盘）。

2．实施步骤

（1）运行安装程序

双击WinRAR安装程序图标，出现如图7-16所示的选择目标文件夹对话框。如果想安装在默认目录中，单击"安装"按钮即可；如果想更改，则单击"浏览"按钮进行选择。选择好目标文件夹并单击"安装"按钮后，安装程序开始安装该软件，并以如图7-17的形式显示安装进行的进程。完成此进程后，自动进入下一对话框。

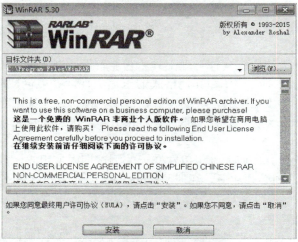

图7-16　选择安装目标文件夹

图7-17　安装进程

（2）关联文件及界面选择，完成安装

在如图7-18所示的对话框中，可以对关联文件及WinRAR窗口作出调整，一般情况下单击"确定"按钮即可。在完成了压缩WinRAR的安装后，出现如图7-19所示的确认窗口。单击"完成"按钮，结束整个安装过程。接下来，可以应用WinRAR来对文件或者文件夹进行压缩或解压缩了。

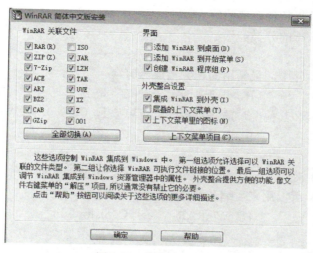

图7-18 参数选择窗口

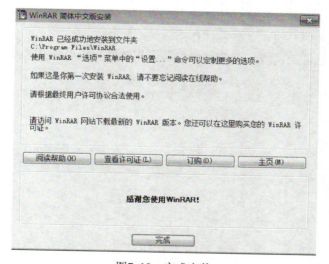

图7-19 完成安装

 任务小结

Office办公软件是一个套件，安装时可以根据自己的需求来安装组件，比较常用的组件是Word、Excel、PowerPoint。杀毒软件是计算机必备的软件之一，要养成经常更新病毒库和查杀计算机系统病毒的好习惯。常用工具软件的安装方法比较相近，要注意网络下载软件的安全性，安装软件时注意软件是否捆绑其他软件。

✎ 习题

1. 简答题

1）常见的应用软件有哪些？其用途分别是什么？

2）计算机病毒的特点及其危害性是什么。

3）目前主流的杀毒软件有哪些？

4）简述计算机病毒的分类。

2. 单项选择题

1）多媒体播放软件中，最常用的视频播放器有（　　）。

    A．暴风影音　　　　　B．千千静听　　　　　C．酷狗　　　　　　　D．FooBar

2）为了防止黑客和其他用户的恶意攻击，可以安装（　　）类软件。

    A．杀毒　　　　　　　B．防火墙　　　　　　C．系统优化　　　　　D．清理垃圾

3）金山毒霸是（　　）。

    A．查毒软件　　　　　B．杀毒软件　　　　　C．字处理软件　　　　D．优化软件

4）下面软件中，可以用来压缩和解压缩的是（　　）。

    A．WinISO　　　　　　B．WinRAR　　　　　　C．UltraEdit　　　　　D．WinAVI

3. 判断题

1）目前仅有微软自带的播放软件能播放所有格式的影音文件。　　　　　　　　（　　）

2）杀毒软件都具有查、杀任何计算机病毒的能力。　　　　　　　　　　　　　（　　）

3）计算机病毒只会破坏计算机的软件。　　　　　　　　　　　　　　　　　　（　　）

4）杀毒软件要及时升级，才能发挥作用。　　　　　　　　　　　　　　　　　（　　）

5）安装计算机软件的流程，通常是先安装应用软件再安装操作系统。　　　　　（　　）

项目8　优化计算机

学习目标

1）了解计算机常用的优化方法，掌握最基本优化设置步骤。

2）了解注册表的概念，掌握注册表的备份与恢复。

3）掌握使用360安全卫士软件对计算机进行常用优化的方法。

任务1　优化软件环境与CMOS

任务描述

在开机速度、系统性能、安全稳定性方面作适当调整，以提高计算机的运行速度。

任务分析

在软件环境方面，为了提高系统运行速度与性能，主要从设置虚拟内存、减少启动时加载项目、优化操作系统与应用软件及备份注册表方面入手。

任务实施

1. 设置虚拟内存

所谓虚拟内存，就是当内存紧张时，计算机自动调用硬盘来充当内存。在Windows 7操作系统下，选择"控制面板"→"系统与安全"→"系统"→"高级系统设置"命令，在弹出的"系统属性"对话框中，选择"高级"选项卡，在"性能"栏中单击"设置"按钮，弹出"性能选项"对话框，如图8-1所示。

在图8-1中选择"高级"选项卡，单击"虚拟内存"栏中的"更改"按钮，弹出虚拟内存设置窗口，如图8-2所示。先单击"设置"按钮，再选择虚拟内存使用的硬盘分区（如C盘，尽量选较大剩余空间的分区）；然后单击"自定义"单选按钮，并在"最小值"和"最大值"文本框中输入合适的范围值。如果感觉很难进行设置，则可以选择"系统管理的大小"。完成更改后，单击"确定"按钮，系统提示要使改动生效，必须重新启动计算机。

对于虚拟内存主要设置两点，即内存大小和分页位置，内存大小就是设置虚拟内存最小为多少和最大为多少；而分页位置则是设置虚拟内存应使用哪个分区中的硬盘空间。虚拟内存的最大值和最小值通常设定为物理内存的2～3倍的相同数值。

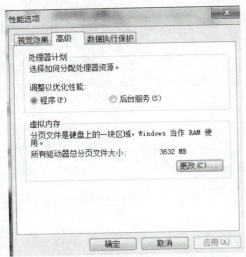

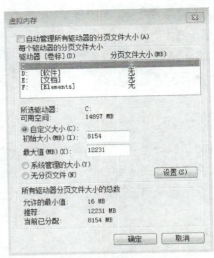

图8-1 性能选项   图8-2 设置虚拟内存

2. 减少启动时加载项目

许多应用程序在安装时都会自动添加至系统启动组，每次启动操作系统都会自动运行，这不仅延长了启动时间，而且启动完成后系统资源已经被占用不少。

在Windows 7操作系统下，选择"开始菜单"→"所有程序"→"附件"→"命令提示符"命令，输入"msconfig"命令启动系统配置实用程序，选择"启动"选项卡，如图8-3所示，在此对话框中列出了系统启动时加载的项目及来源，仔细查看是否真正需要它自动加载，否则取消项目前的复选框。加载的项目越少，启动的速度越快，新的配置在重新启动后方能生效。

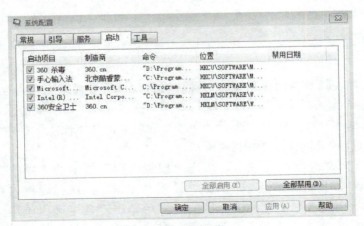

图8-3 启动项目

3. 优化操作系统

（1）优化启动与故障恢复

以Windows 7操作系统为例，打开"系统属性"对话框后选择"高级"选项卡，再单击

"启动和恢复故障"栏下的"设置"按钮，在弹出的对话框中取消对"将事件写入系统日志"与"自动重新启动"项的选择，如图8-4所示。

（2）优化系统性能

在图8-1所示的性能选项窗口中，选择"视觉效果"选项卡。系统默认设置为"让Windows选择计算机的最佳设置"，在此，选择"调整为最佳性能"即可，如图8-5所示。此时，还可以通过"高级"标签对"处理器计划"进行优化。

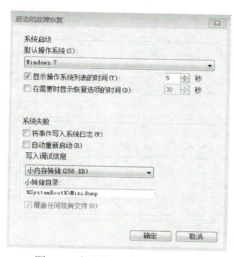

图8-4 启动与故障恢复窗口

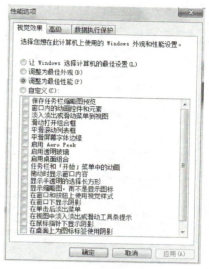

图8-5 视觉效果

4. 注册表的备份与恢复

注册表作为计算机的"灵魂"，一旦出现问题可能引起系统工作不正常甚至瘫痪，会对日常工作和学习带来很大的影响。如果在日常的使用中能够注意对注册表进行有效的备份处理，那么当注册表出现问题时也就能够应急处理了。

（1）打开注册表编辑器

注册表的打开方式很简单，在Windows 7操作系统下，选择"开始菜单"→"所有程序"→"附件"→"运行"命令，在弹出的"运行"对话框中输入"regedit"命令，如图8-6所示，再单击"确定"按钮即可。

图8-6 启动注册表编辑器

单击"确定"按钮后，启动注册表编辑器，如图8-7所示。可以看到在注册表中，所有的数据都是通过一种树状结构以键和子键的方式组织起来，十分类似于目录结构。每个键都包含了一组特定的信息，每个键的键名都是和它所包含的信息相关的。

（2）注册表的组成

注册表由字符串、二进制数据和DWORD值三个部分组成，如图8-7所示。

1）字符串。字符串是用于表示文件的描述、硬件的标识等信息，由字母和数字组成，是可变化的一种字符集，其最大长度不能超过255个字符。在编辑区（注册表编辑器的右边窗口）内单击鼠标右键，在弹出的快捷菜单中就可以新建一个字符串。

图8-7　注册表

2）二进制数据。在注册表中，二进制数据没有长度限制，可以是任意字节长。在编辑区（注册表编辑器的右边窗口）内单击鼠标右键，在弹出的快捷菜单中就可以新建一个二进制数据。

3）DWORD值。DWORD值是一种32位长度的数值，而在注册表中可以选择十进制或者十六进制来表示该数值，并且在显示的时候以十六进制为首，括号后面就是十进制表示值。

（3）注册表的备份与恢复

1）注册表的备份。

选择"文件"→"导出"命令，如图8-8所示。接着在弹出的"导出注册表文件"对话框（见图8-9）中，先选择备份注册表的路径，然后在"文件名"文本框中输入注册表备份文件的名称，单击"保存"按钮，这样就完成了备份注册表文件的操作。

2）注册表的恢复。

导入注册表的操作正好与导出相反，打开注册表编辑器后，选择"文件"→"导入"命令，然后在弹出的"导入注册表文件"对话框中正确选择路径及文件名即可。

注册表文件扩展名为.reg，双击该文件也可以实现注册表的导入。

图8-8　导出命令　　　　　　　　　　　图8-9　导出注册表

5. 优化CMOS

（1）优化启动设置

优化CMOS参数设置，一方面是根据硬件配置将不存在的设备设置为"无"；另一方面是根据运行情况将CMOS参数调整为最佳，例如，启动装置的设置等。在装机时，必须将光驱或USB设置为第一启动装置，但在正常使用时第一启动装置要调整为硬盘。

（2）优化电源管理

计算机在平时操作时，是工作在全速模式状态，而电源管理程序会监视系统的图形、串并口、硬盘的存取、键盘、鼠标及其他设备的工作状态。如果上述设备都处于停顿状态，则系统就会进入省电模式，当有任何监控事件发生时，系统即刻回到全速工作模式的状态。

在CMOS主菜单中选择"Power"后按<Enter>键，进入如图8-10所示的界面，优化电源管理策略。

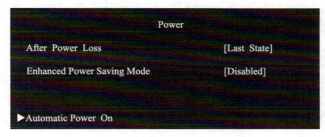

图8-10　电源设置主界面

129

1）After Power Loss。电源恢复后状态，此项决定着开机时意外断电之后，电力供应再恢复时系统电源的状态。设定选项为：Power Off，保持机器处于关机状态；Power On，保持机器处于开机状态；Last State，将机器恢复到断电或中断发生之前的状态。习惯上将其调整为关机状态。

2）Enhanced Power Saving Mode。增强的省电模式，选项：Enabled/Disabled。用于开启省电模式，可以根据自己的需要调整，默认值：Disabled。有时候计算机黑屏进不了系统，并出现"power saving mode"等字样时，可以将此项菜单值调整为Disabled。

优化CMOS的方法还有不少，由于BIOS类型及版本繁多，在实际的维护与维修工作中，需要不断积累经验。

任务2 使用360安全卫士优化系统

 任务描述

利用360安全卫士软件对计算机系统进行优化，提升计算机运行效率。

 任务分析

在日常生活中，经常会发现计算机运行速度变得越来越慢，那么如何使计算机在不改变硬件配置的前提下能解决这个问题，下面就以360安全卫士为例介绍如何通过优化软件提升计算机的运行效率。

 任务实施

1．准备工作

1）检查操作系统、系统补丁、驱动程序等是否已经安装好。

2）从360官方网站（www.360.cn）下载360安全卫士软件。

3）查看磁盘空间，选择好安装目标磁盘（此类软件建议安装到C盘）。

4）安装360安全卫士软件。

2．运行360安全卫士软件

运行360安全卫士软件出现如图8-11所示的窗口，书中使用的版本为360安全卫士领航版，主界面显著位置设置一键体检功能，左下角有查杀修复、计算机清理、优化加速等功能按钮，右下角还有各种工具，单击"更多"按钮还可以添加许多实用的工具，操作十分方便。

图8-11　360安全卫士主界面

3. 优化操作

（1）自动优化

在如图8-11所示的主菜单中，单击"立即体检"按钮，360安全卫士软件将对计算机进行检查，体检功能可以全面检查计算机的各项状况。体检过程，共分为四步。

1）检测计算机系统、软件是否有故障。

2）检测计算机里没用的文件缓存、文件垃圾等。

3）检测是否有病毒、木马、漏洞等。

4）检测是否存在可优化的开机启动项。

体检完成后会提交一份优化计算机的意见，如图8-12所示。此时可以根据实际需要对计算机进行优化，也可以选择一键修复。

修复完成后，360安全卫士会给系统一个得分，另外还会提醒用户重启使修复的部分内容生效，如图8-13所示。

（2）计算机清理功能

计算机清理可清理无用的垃圾、上网痕迹和各种插件等，让计算机更快更干净。进入360安全卫士主界面，单击左下角计算机清理按钮进入清理界面，如图8-14所示。单击"一键扫描"按钮对系统进行扫描。

一键清理后，360安全卫士会根据垃圾类型对清理出来的垃圾进行分类，用户可根据需要，智能选择需要清理的垃圾，也可以直接一键清理，如图8-15所示。

图8-12   360安全卫士体检界面

计算机安全了，垃圾更少了，速度更快了！ 告诉小伙伴

体检共耗时46秒   共扫描 24 项   共修复 9 问题项   清理垃圾1.9GB   为系统提速0.10秒

问题项修复完成，您可以重启计算机使其全部功能生效，是否立即重启？   立即重启   稍后重启

发现您的计算机软件中存在可升级的情况，快去更新它们吧   查看

建议立即备份照片或文件，防止计算机故障时丢失   备份

图8-13   一键体检完成界面

图8-14　计算机清理选择界面

图8-15　计算机清理完成界面

（3）优化加速功能

进入360安全卫士软件主界面，单击左下角"优化加速"按钮进入优化加速界面，如图8-16所示。一键优化将对开机、系统、网络、硬盘进行加速，十分方便，单击"开始扫描"按钮对系统需要加速的项目进行扫描。

图8-16 优化加速界面

扫描完成后，若有需要优化的项目，用户可单击"立即优化"按钮对系统进行优化加速。

计算机优化的方法和软件很多，由于篇幅所限不能一一介绍，只有在日常生活、工作、学习中不断积累，敢于尝试，做个有心人，定能成为一个合格的计算机维修人员。

强化训练

1. 训练目的

学会使用360安全卫士软件对计算机进行优化。

2. 训练内容

1）安装及运行360安全卫士。

2）熟悉360安全卫士功能。

3）利用360安全卫士软件对计算机进行优化。

3. 实训步骤

1）准备360安全卫士软件，安装360安全卫士软件。

2）运行360安全卫士并熟悉主菜单构成，对系统进行优化操作。

4. 实训记录

将操作内容及体会填写在表8-1中。

表8-1　360安全卫士应用

安装	版本号		安装文件名		软件大小
	安装目标文件夹				
优化	体检分数	体检耗时	清理垃圾	系统提速	完成后得分
	已处理的问题				
	未修复的问题				
心得感受					

习题

1. 简答题

1）常用的优化计算机的方法有哪些？

2）虚拟内存的作用是什么？

3）如何减少启动时加载项目？

4）注册表由哪几个部分组成？如何打开注册表编辑器？

2. 单项选择题

1）虚拟内存就是在内存容量不够用时将（　　）当作内存使用。

A．ROM　　　　　B．Cache　　　　　C．RAM　　　　　D．HDD

2）通过Windows 7导出的注册表文件的扩展名是（　　）。

A．.sys　　　　　B．.reg　　　　　C．.txt　　　　　D．.bat

3）下列不属于After Power Loss（电源恢复后状态）选项的是（　　）。

A．Fist State　　　　B．Power Off　　　　C．Power On　　　　D．Last State

学习目标

1）了解选购硬件的基本方法。

2）掌握按用户要求合理配置计算机硬件的流程。

3）了解辨别硬件的基本方法，熟悉常用硬件性能测试软件的使用方法。

4）通过市场调查，掌握辨别计算机主要硬件质量的方法。

5）通过市场调查，掌握熟练配置一台实用性较强计算机硬件的技能。

任务1　选购计算机核心部件

任务描述

对计算机的选购做进一步的介绍，掌握计算机核心部件的选购方法。

任务分析

计算机上的CPU、主板和内存直接决定着计算机的性能和稳定性，另外，显卡和电源等部件的选购也同样至关重要，硬件选购的好坏直接影响计算机的质量。

知识准备

1. 主板的选购

选购主板主要考虑三个因素，首先是品牌；其次是主板的技术指标；第三是主板的做工。

（1）关注品牌

目前，主板市场上的知名品牌较多，如华硕（ASUS）、技嘉（GIGABYTE）、微星（MSI）等。使用知名品牌的主板代表了高质量的产品和良好的服务。

（2）技术指标

通常，先选择CPU再选择主板。因此，主板支持的CPU类型成为选购主板的首要技术指标，选择什么样的CPU，就要选择与之相匹配的主板。

其次，芯片组是主板的关键，它决定了主板的主要技术指标。目前，主流主板采用的都是Intel公司或AMD公司的芯片组。

主板技术指标还包括：内存插槽类型及数目、总线接口类型、硬盘接口类型、是否集成声卡和网卡等。

（3）主板做工

1）PCB板体。主要指PCB的质量、光泽和厚度等，6层PCB板厚度一般为3~4mm，还要观察四周是否光滑，有无毛边，摸上去是否有很粘手的感觉等。

2）布局。首先要注意CPU插座的位置，如果过于靠近主板上边缘，则在一些空间比较狭小或者电源位置不合理的机箱里面会出现安装CPU散热片比较困难的情况。同样CPU插座周围的电解电容也不应该靠得太近，否则安装散热器不方便甚至有些大型散热片根本就无法安装。其次还要注意ATX电源接口，比较合理的位置应该是在上边靠右的一侧或者在CPU插座与内存插槽之间。这样可以避免电源接线过短的情况发生，更重要的是方便CPU散热器的安装及有利于周围空气流通。

3）布线。布线的好坏主要从走线的转弯角度和分布密度来判断，好的主板布线应该比较均匀整齐，从设备到控制的芯片之间的连线应该尽量短。走线转弯角度不应小于135°，而且过孔应尽量减少。CPU到北桥附近的布线应该尽量平滑均匀，排列整齐，过孔少。

4）电容。主板上常用的有钽电容和电解电容，前者比后者要好，成本高。好的主板电容采用的钽电容比电解电容数量多，而且容量较大，在杂牌主板上可以看到较多的容量为100μF以下的电解电容。如果采用金属铝壳贴片电容和黄色四方形的钽电容比较多，一般这块主板应该比较好。其次还可以从颜色上判断电容的好坏，一般黑色的电容最差，绿色的电容要好一些，蓝色的电容最好。另外，电容标称容量与耐温指标越大越好。

2. CPU的选购

（1）认识CPU标示信息

当观察CPU时，可以从其外壳上看到许多标识信息，如图9-1所示。

第1行：I M © C11，即英文全称为Integrated marketing communications。

第2行：INTEL ® CORE™i7-4790，表示英特尔酷睿i7处理器。

第3行：SR1QF 3.60GHZ，即表示处理器的SR1QF3编号，从这个编号也可以查出处理器的其他指标，是否盒装也是靠这个编号来识别的。SR1QF3后面的数字表示CPU频率为3.6GHz。

第4行：VIETNAM，表示CPU生产的产地，这个处理器是越南产的，此外还有COSTARICA（哥斯达黎加）等其他国家地区。

图9-1　CPU标识

第5行：X5358336⒠4，表示产品的序列号，这是一个全球唯一的序列号，每个处理器的序列号都不相同，区域代理在进货时会登记这个编号。

（2）选购指南

目前，CPU主频越来越高，选择的范围越来越大，高端有Intel的酷睿系列、i5系列和i7系列，以及AMD的A10系列和FX-8350系列，实用的有Intel的酷睿i系列和AMD的FX系列。在明确了计算机的用途后才能选择一款合适的CPU。从包装方式来讲，CPU分为盒装与散装两种，盒装CPU内含质量保证书和一个CPU散热器。它使用的范围和用途主要有以下几个：

1）学习与娱乐用户，也就是通常所说的初级用户，对CPU的要求不是很高，没有必要购买价格很高的CPU。从3.4GHz的AMD APU A10-7700K或3.7GHz的Intel酷睿i3-6100系列的CPU皆能满足这类用户写文章、编程、做网页、学软件、玩一般的游戏的需求。

2）公司、学校与网吧用户。对于通常所说的这些中级用户，也就是最大的用户群体来说，建议配置目前市场销量排名靠前的CPU，如Intel Core i7-4790（盒）或AMD FX-8350等。

3）特殊用户。对于专业图形处理及视频加工者、超级游戏玩家和超级DIY爱好者这一用户群来说，一般选择目前最佳的CPU。这里所说是最佳并不指最快，通常指高档及性能优越的CPU芯片。

3. 内存的选购

除了品牌外，内存选购还要注重以下几点：

（1）内存颗粒与SPD芯片

内存颗粒也就是内存芯片，通常生产厂商会在芯片上用激光等方式标上品牌、型号等参数。内存上还有一块SPD芯片，它是一块EPROM芯片，保存了该内存条的容量、厂商、工作速度等性能参数。当系统启动后，主板会根据SPD提供的信息调整主板BIOS中相应的信息以确保内存条能被正确使用。

尽管如今的内存市场已经较以前规范了许多，但是仍然有Remark产品。所谓Remark就是先把原来的标记打磨掉，再印上新的标记。所以仔细察看内存芯片的表面是否有打磨过的痕迹，用眼看一看、用手摸一摸芯片上的字迹是否在芯片的表面之上（凸出的），而不应该在表面之下（凹陷的）。

（2）整体设计与制作工艺

根据JEDEC规范，从DDR400内存开始，PCB应采用6层，其中第2层为接地层，第5层为电源层，其余4层均为信号层。采用6层PCB板，有4层可以走信号线，不过为了控制成本，很多产品通常采用折衷的办法（大品牌也有这样的做法）采用四层板。

对于制作工艺来说，做工好、用料好的内存，其颗粒、电阻、电容等焊接点圆滑饱满、富有光泽，说明在生产中对选料、流程把控严格。

4. 显卡的选购

（1）显卡品牌

目前市场上常见的显卡品牌有影驰、华硕、映泰、技嘉、丽台、微星、七彩虹、蓝宝石、双敏等。按芯片生产厂商分为NVIDIA与ATI二种；按芯片的发展过程，NVIDIA系列显卡包括GF MX440/GF 5200/GF 6600/GF 7200/GTX960/GTX1080等，ATI系列显卡包括ATI X650/ATI X850/ATI FireGL V3650/ATI VP5450/ATI VC770等。

（2）选购要点

显卡一般根据自己的需求来进行选择，然后多比较几款不同品牌同类型的显卡，通过观察显卡的做工来选择显卡，还有重要的一点是显存的容量一定要看清楚。

1）显卡档次的定位。不同的用户对显卡的需求不一样，需要根据自己的经济实力和使用情况来选择合适的显卡。对于普通家用与办公来讲，对显卡的性能要求不高，目前的显卡都能满足需求。如果单方面追求低价实用方案，则选择集成显卡的主板会节省很多投入。例如，GT610就没有GTX960的显卡好，因为GT610在N卡中属于第六代系列显卡而GTX960属于第九代系列显卡。如何区别它们的系列呢？"N卡"其实还是比较好辨认的，它的档次分别是GT、GTS、GTX，就是前缀，也就是说GTX系列的显卡是至今"N卡"里面的高端主流。其实后面的数字，比如960，其中的9指的是N卡的9代显卡，而9后面的数字越大，就代表是这个系列越好的显卡。最难选择的是视频编辑用途的显卡，一般情况下，普通人员用高性能显卡即可，但专业人员则需要根据软件要求细心测试才行。

2）显卡的做工。市面上各种品牌的显卡多如牛毛，质量也良莠不齐。名牌显卡做工精良，用料扎实，看上去大气；而劣质显卡做工粗糙，用料伪劣，在实际使用中也容易出现各种各样的问题。因此在选购显卡时需要看清显卡所使用的PCB板层数（最好在4层以上）以及显卡所采用的元器件等。

3）显存的选择。显存是最容易被忽视的地方，很多用户购买显卡时只注意显卡的价格和使用的显卡芯片，却没有注意对显卡性能起决定影响的显存。显存位宽是显存也是显卡的一个很重要的参数。它的意思是一个周期内显卡能处理的数据位数。可以理解成为数据进出通道的宽度，显然，在显存速度（显存频率）一样的情况下，带宽越大，数据的吞吐量越大，性能越好。就现在显卡比较常见是128bit和256bit而言，很明显，在频率相同的情况下，256bit显存的数据吞量是128bit的两倍（实际使用中为1.85倍），那么性能定会增强不少。

5. 电源的选购

（1）选择知名品牌

知名厂商所生产的电源大多采用高品质的元器件，工艺先进，并且在生产前都使用精密仪器进行测试，出厂前经过严格的测试。常见的知名电源品牌有海盗船、安钛克、长城、航嘉等。

（2）产品重量

每种品牌或型号的电源都有自己的质量，电源内部的构造包括散热片、电源外壳、变压器、被动PFC电路等元器件，如果用料讲究，那么拿在手里的质量不可能太轻。而且功率越大的电源的质量应该越重，尤其是一些通过安全规定的电源。因为这些电源会外加一些电路板、零部件等，以增加其安全性、稳定度，质量就肯定会有所增加。

（3）看清产品采用何种认证

电源的认证代表着电源通过了何种质量标准，3C认证（中国国家强制性产品认证）是电源产品的底线，它包括原来的CCEE（电工）认证、CEMC（电磁兼容）认证和新增加的CCIB（进出口检疫）认证。在选购电源时，应尽量选择认证多的电源。

（4）外观检查

由于散热片在机箱电源中作用巨大，影响到整个机箱电源的功效和寿命，所以要仔细检查电源的散热片是否够大。此外，还需要观察电源的电缆线是否构够粗，因为电源的输出电流较大，很小的一点电阻值就会产生很大的压降损耗，质量好的电源电缆线都比较粗。

（5）透过观察内部元件

选购电源时商家一般不会让用户拆开外壳来鉴别质量的好坏，因此只能透过散热孔观察电源内部元件质量与做工。透过电源的散热孔可以看到内部的一些元器件，包括变压器、电容器、散热片、PFC电路以及其他元器件，通过观察元器件的大小、做工来判断这款电源的用料，从而来判断这款电源的质量。

 任务实施

1. 寻找计算机硬件供货商

通过两种方法找到计算机硬件供货商：方法一是通过上网找到一个合适的计算机硬件网站，方法二是去附近的计算机市场寻找一家经销硬件的商店。

2. 对比主流主板

通过网站搜索或咨询商家等方法，将目前主流的3款主板参数填写到表9-1中。

表9-1　主流主板参数对照

序　号	品　　牌	主板型号	芯　片　组	CPU插座	总线频率	支持内存类型	扩展插槽
1							
2							
3							

3. 对比主流CPU

通过网站搜索或咨询商家等方法，将目前主流的3种CPU参数填写到表9-2中。

表9-2　主流CPU参数对照

序　号	品　　牌	CPU型号	主　频	接口类型	缓存容量	FSB	核心电压
1							
2							
3							

4. 对比主流内存

通过上述方法，将目前主流的3种内存参数填写到表9-3中。

表9-3　主流内存参数对照

序　号	品　　牌	内存型号	容　　量	传输类型	内存速度	PCB层数
1						
2						
3						

5. 对比显卡与电源

相同的方法，将目前主流的3种显卡、电源参数分别填写到表9-4中。

表9-4　主流显卡、电源参数对照

主流显卡参数					
序　号	品　牌	显卡型号	功　率	传输类型	内存速度	PCB层数
1						
2						
3						

主流电源参数					
序　号	品　牌	电源型号	交流输入	输出功率	直流输出	认证标记
1						
2						
3						

 知识链接

1．计算机用户群体

（1）学习与娱乐群体

随着信息化时代的来临，现在越来越多的家庭已经或准备购买一台计算机（一体机、笔记本式计算机）了，从目前的情况来看，大多数家庭的购机目的就是用来编辑文本和表格、观看电影、上网、聊天、玩游戏等。选购用于学习与娱乐用途的计算机的侧重点应该是：计算机使用的舒适度、稳定性、速度与价格。对于这些用户来说，购买一台价格在4000元左右的计算机完全能胜任这些任务。

（2）单位群体

对于学校、政府机构、公司及网吧来说，计算机基本上是整天开着的，虽然计算机只是处理一些并不特别复杂的数据、传递一些必要的文件，但是计算机的稳定性是第一位要考虑的。不然，文件丢失、数据损坏等现象的发生是件令人头疼的事。

对于这样的用户，稳定性是第一要素，当然外观形象也不可忽视。

（3）特殊群体

对于艺术设计、视频制作及计算机"发烧友"来说，一般的配置肯定无法满足他们较高的要求。除了基于英特尔系列处理器外，内存与显卡也相当讲究。

2．内存品牌推荐

（1）金士顿（Kingston）　作为最大的独立内存模组厂商，金士顿的产品已经具有极高的知名度。尤其在兼容性方面，金士顿Value RAM系列无疑是最好的产品之一，并且经受住了时间和环境的考验。

（2）威刚（ADATA）　威刚科技设立于2001年5月，属于近年来成长较快的国产品牌之一。威刚在内存市场中一直采取高低搭配的双品牌策略，高端的A-DATA红色威龙系列内存为追求速度的消费者而设计，低端的V-DATA万紫千红系列内存则是为普通应用设计，保证了产品的稳定性和兼容性。

（3）海盗船（Corsair Memory） Corsair公司是全球最大的内存供应商之一，是全球最受尊敬的超频内存制造商，是多家世界知名计算机厂商OEM合作伙伴。Corsair内存的超级性能专为极大需求的应用软件而设，也一直被应用于关键的服务器及极高性能的工作站（包括游戏系统）上。

（4）三星（Samsung） 作为全球最大的内存颗粒生产经销厂商之一，三星在数年的研发生产之中，成为众多个人计算机，服务器等厂商的首选。

（5）芝奇（G. SKILL） 中国台湾G. Skill公司，中文名称芝奇，于1989年在台北由一群计算机狂热玩家共同成立，是行业知名品牌。

任务2 选购整机硬件

 任务描述

随着社会经济的快速发展，计算机的普及率逐年增加，计算机已经进入平常百姓家中，学习如何选购一台合适的计算机对用户来说非常实用，也是这门课必须掌握的一个重要内容。

 任务分析

如何选购一台合适的计算机，首先要了解计算机的基本特点，掌握当前市场上各部件的技术性能和行情，切不可盲目选择，只有适合自己的才是最好的。

 **知识准备**

1. 摩尔定律

"摩尔定律"是以Intel公司的奠基人戈登·摩尔的名字命名的。戈登·摩尔认为，每隔18个月，CPU的集成度会增加一倍，性能也将提升一倍。大致而言，若在相同面积的晶圆下生产同样规格的IC，随着制作技术的进步，每隔一年半，IC产出量就可增加一倍。换算为成本，即每隔一年半成本可降低五成，平均每年成本可降低三成多。

在过去的几十年里，计算机特别是微型计算机的微处理器以及许多新技术的发展速度均遵循摩尔定律的法则。摩尔定律现在已经被"移植"到许多新领域，如媒体传播领域，Internet的发展也被人们认为遵循摩尔定律的规律。

随着计算机知识的不断普及和计算机应用领域的不断延伸，越来越多的计算机已经或是即将摆到寻常百姓的书桌上，相信不久的将来，家用计算机会像电视机一样成为每个家庭不可缺少的一员。那么，如何才能选择一台称心如意的计算机呢？不管是家庭还是单位，其实选购计算机的关键是满足生活与工作的需求，这是前提。抛开这个前提去谈计算机性能的优劣、价格的高低、服务的好坏等具体问题都是毫无意义的。

2. 选购原则

够用、耐用是选购计算机两个最基本的原则：用户在购买计算机前一定要明确计算机的用途，也就是说用户究竟让计算机做什么工作、具备什么样的功能。只有明确了这一点，才能有针对性地选择不同档次的计算机。

所谓够用的原则，具体说就是在满足使用要求的同时节约投入。购买的计算机能够满足需求就可以了，不必花太多钱去选那些配置高档、功能强大的计算机。这些机型的一些功能也许根本没有用，买了也是浪费，比如，如果只是打字、上网、听音乐、学习等，三四千元的中低档计算机足以满足需求，选七八千元的高档计算机就显得太奢侈了。

耐用，指在精打细算的同时，必要的花费不能省，特别是选择关键配件时应将稳定性放在第一位，当然适当考虑一定的前瞻性。另外，产品的售后服务也是一个重要的因素，出问题时能享受优质的售后服务即使多花一些钱也是合算的。

在选购计算机时，还要防止以下两种错误观点：

1）一步到位的观点。一些单位及家庭，购置计算机时总想买最先进的、最高档的，且不知现在的先进技术过了一年半载也成了"落后"的技术。计算机领域遵循的自然规律是"摩尔定律"，现在大家认为性能一般的T5500、E7400曾经身价不菲。

2）计算机贬值快，等一等再买更划算。虽然计算机贬值快，迟一些买可能买到性能更好、价格更低的计算机，但是低价和高价只是相对的。计算机是一种工具，只要需要就可以买了。

3．注意事项

（1）不可重价格、轻品牌　一些用户，在选购家用机时过分看重价格因素而忽视计算机的品牌。选择知名品牌的产品，尽管价格上贵一些，但是无论是产品的技术、品质性能还是售后服务都是有保证的。

（2）不可重配置、轻品质　大多数用户过多关注诸如CPU的档次、内存的多少、硬盘容量的大小等硬件指标，对于整机性能却很少有人问津。

（3）不可重硬件、轻服务　计算机的服务显得更为重要，谁也不敢保证计算机永不出问题。用户选购计算机，售后服务问题应该放到重要位置上来考虑。应该说，计算机的综合性能是集硬件、软件和服务于一体的，服务在无形地影响着计算机的性能，用户在购机前，一定要问清售后服务条款后再决定购买。

任务实施

1．准备工作
联系计算机市场中销售计算机组件的多个商家，用于学生开展市场调查。

2．市场调查
1）2～4名学生为一组，将学生分成若干小组，每组选出1位组长。

2）每个小组在规定的时间（至少半天）内在指定的商家进行调查。

3）在不影响商家正常营业的前提下，观察并记录销售过程，重点为计算机配置清单。将所在商家经营的各种类型的计算机配置情况及报价填写在表9-5中。

表9-5　计算机配置清单

配 件 名 称	品牌/型号	主 要 参 数	报价（元）
CPU			
主板			
内存			
硬盘			
显卡		□独立 □集成	
声卡		□集成 □独立	
网卡		□集成 □独立	
显示器			
光驱/刻录机			
机箱/电源			
音响			
其他			
售后服务点：		总价：	

4）完成上述商家的调查后，与其他组交换，继续不同类型的组装机、品牌机、笔记本式计算机与一体机的调查。

5）结束市场调查，返回学校整理所有资料。

3. 情景模拟

1）将教室简单地模拟成计算机商店，随机选择2组，分别扮演顾客与商家。

2）顾客进入商店，店员热情接待。询问顾客购置计算机的用途、心目中的价位等。

3）根据顾客情况，介绍相应计算机配置与价格，回答顾客提出的问题。

4）如果顾客不满意，更换其他组扮演不同品牌或型号的商家。

5）当顾客有初步意向后，写出计算机配置清单与报价，再由组长出面商谈价格。

6）根据类型（组装台式机、品牌机、一体机或笔记本式计算机）向顾客介绍使用注意事项，并说明售后服务情况。

7）完成一次模拟选购后，再选2组继续情景模拟。

 知识链接

1. 笔记本式计算机

笔记本式计算机（NoteBook Computer），亦称手提或膝上计算机（英语：Laptop Computer），是一种小型个人计算机，其主要优点是体积小、重量轻、携带方便。从用途上划分，笔记本式计算机一般可以分为商务型、时尚型、多媒体应用与特殊用途四大类。

与台式机相比，笔记本式计算机有着类似的结构组成（显示器、CPU、内存、硬盘、键盘与鼠标等），其外观如图9-2所示，基本组成如下。

图9-2　笔记本式计算机外观

（1）外壳　　外壳既是保护机体的最直接的方式，也是影响其重量、散热效果与美观度的重要因素。笔记本式计算机常见的外壳用料有合金外壳类铝镁合金与钛合金，塑料外壳类碳纤维、聚碳酸酯PC和ABS工程塑料。

（2）显示屏　　笔记本式计算机显示屏是关键硬件之一，约占成本的1/4，主要分CCFL-LCD与LED-LCD两大类。

（3）CPU　　与台式机一样，CPU是笔记本式计算机最核心的部件，目前主要由Intel与AMD厂商供应。

（4）硬盘　　笔记本式计算机所使用的硬盘一般是2.5in，而台式机为3.5in，基本上笔记本式计算机硬盘都是可以通用的。除了台式机硬盘的常用参数外，笔记本式计算机硬盘还有个厚度参数，标准的笔记本式计算机硬盘有9.5mm、12.5mm与17.5mm三种厚度。9.5mm的硬盘是为超轻超薄机型设计的，12.5mm的硬盘主要用于厚度较大和全内置的机型，17.5mm的硬盘目前已经基本淘汰。

（5）内存　　由于笔记本式计算机整合性高，设计精密，对于内存的要求比较高，内存必须符合小巧的特点，目前大部分笔记本式计算机最多只有两个内存插槽。

（6）显卡　　笔记本式计算机显卡主要分为两大类：集成显卡和独立显卡，性能上独立显卡一般来说要好于集成显卡。

（7）定位设备　　笔记本式计算机一般会在机身上搭载一套定位设备（相当于台式计算机的鼠标），早期一般使用轨迹球作为定位设备，目前流行的是触控板与指点杆。

（8）电池　　与台式机不同，笔记本式计算机的便携性很好，仅依靠电池就能工作。

（9）其他　　大部分的笔记本式计算机还带有声卡或者在主板上集成了声音处理芯片，并且配备小型内置音箱。另外，光驱也是笔记本式计算机配置之一。

2.　一体机

一体机（All-in-One PC，AIO）是一种把微处理器、主板、硬盘、屏幕、扬声器、视频摄像头及显示器整合为一体的桌上型计算机。随着无线技术的发展，一体机的键盘、鼠标与显示器可实现无线连接，机器只有一根电源线。一体机通常比一般的桌上型计算机较轻便，大部分的一体机亦在机身加上把手，其背面结构如图9-3所示。

一体机比一般的台式机更省空间。液晶一体机就是将主机和液晶显示器、音箱结合为一体的机器，它将主机的硬件

图9-3　一体机背面结构

都放到了液晶显示器的后面，并尽量将它压缩起来，同时也内置音箱，使它的体积尽可能地小，这样可以使用户大大节省放置机器的空间。

多点触摸式技术是一体式计算机的一大亮点，惠普、华硕、微星、浩鑫等厂商都已陆续推出了多点触摸技术的一体式计算机。依靠多点触控技术，用户能够以直观的手指操作（拖拉、撑开、合拢、旋转）来实现图片的切换、移位、放大缩小和旋转，实现文档、网页的翻页及文字缩放。

任务3　测试计算机组件与整机性能

任务描述

购置计算机组件或整机后，通过软件的方法测试单个硬件或整机性能。

任务分析

对于兼容机特别是品牌机，在经销商将计算机的硬件及软件安装好的基础上，可以通过测试软件对主要的组件，如主板、CPU、内存条、显卡、硬盘等进行测试。同样，也可以应用综合测试软件对整机性能作出评价，通常这些软件容量不大，可以保存在U盘、移动盘或者刻录在光盘上，只要花费几分钟时间，即可得到这些组件的测试结果。

知识准备

计算机各个硬件质量的判断包括三个步骤，首先是观察产品包装及硬件外观；其次是注意在硬件及软件安装过程中出现的问题；最后，通过软件测试相关组件和整机性能。

1．常用组件测试软件

（1）CPU信息检测软件CPU-Z

CPU-Z 是一款家喻户晓的CPU检测软件，除了使用Intel或AMD自己的检测软件之外，平时使用最多的此类软件就数它了。它支持的CPU种类相当全面，软件的启动速度及检测速度都很快。另外，它还能检测主板和内存的相关信息，其中就有常用的内存双通道检测功能。

（2）内存检测软件MemTest 4.0

MemTest 4.0是少数可以在Windows操作系统中运行的内存检测软件之一。要使用MemTest 4.0检测内存，为了尽可能地提高检测结果的准确性，建议在准备长时间不使用计算机时进行检测。使用方法：检测前先关闭系统中使用的所有应用程序，否则应用程序所占用的那部分内存将不会被检测，填写想要测试的容量，如果不填则默认为"所有可用的内存"，然后在主界面上单击"开始测试"按钮，运行软件。MemTest 4.0软件会循环不断对内存进行检测，直到用户终止程序。如果内存出现任何质量问题，MemTest 4.0都会有所提示。

（3）硬盘测试软件HD Tune Pro

HD Tune Pro硬盘检测工具是一款小巧易用的硬盘工具软件，其主要功能有硬盘传输速率检测、健康状态检测、温度检测及磁盘表面扫描等。另外，还能检测出硬盘的固件版本、序列号、容量、缓存大小以及当前的Ultra DMA模式等。虽然这些功能其他软件也有，但难能可贵的是此软件把所有这些功能集于一身，而且非常小巧，速度又快，它也是免费软件，可自由使用。

（4）显卡测试软件3DMark11

3Dmark 11包含了深海（Deep Sea）和神庙（High Temple）两大测试场景，画面效果堪比CG电影，不为测试仅为欣赏其美轮美奂的画面效果，畅想未来游戏的图形发展趋势，3DMark 11也不容错过。它包含四个图形测试项目、一项物理测试和一组综合性测试，并提供了Demo演示模式。

2．常用综合测试软件

（1）AIDA64

AIDA64是一款测试软硬件系统信息的工具，它可以详细显示出计算机的每一个方面的信息。AIDA64不仅提供了诸如协助超频、硬件侦错、压力测试和传感器监测等多种功能，而且还可以对处理器，系统内存和磁盘驱动器的性能进行全面评估。

AIDA64是一个为家庭用户精简的Windows诊断和基准测试软件，它具有独特的能力来评估处理器、系统内存和磁盘驱动器的性能。AIDA64是兼容所有的32位和64位Windows操作系统，包括Windows 7和Windows Server 2008 R2。

（2）HWiNFO32

HWiNFO32是一款专业的系统检测工具，支持最新的技术与标准，主要可以测试出处理器、主板及芯片组、PCMCIA接口、BIOS版本、内存等信息，另外HWiNFO还提供了对处理器、内存、硬盘以及CD-ROM的性能测试功能。它可以全面检测计算机的硬件配置，具体包括：分层显示所有硬件、显示来自硬件监控器的状态、执行基准测试、创建多种日志类型。

 任务实施

1．应用CPU-Z测试软件

（1）准备工作

1）准备好CPU-Z软件。可以通过网络下载或者购置测试软件光盘等来准备好该软件。

2）安装并运行CPU-Z。

（2）实施步骤

测试方法很简单，只要选择上面的测试项目就会显示相应的测试结果数据。测试项目包括CPU、缓存、主板、内存及SPD等。

（3）测试记录

1）CPU。CPU测试结果如图9-4所示，相关的名称、代号、工艺、电压、规格等参数一目了然。

名字：Intel Core i7 4790　　　　　核心电压：1.096V。

核心速度：3890.72MHz　　　　　总线速度：99.76MHz。

2）缓存。相关的一级（L1）缓存大小、二级（L2）缓存大小数据如图9-5所示。

一级缓存：32KBytes　　　二级缓存：256KBytes　　　三级缓存：8MBytes

图9-4 CPU测试信息 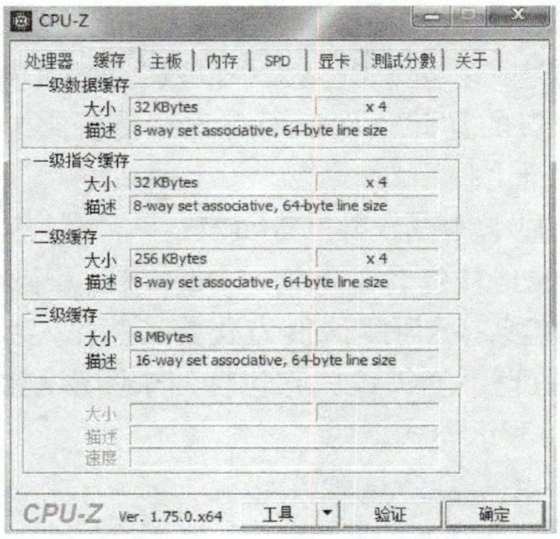　　　　　　图9-5 缓存测试信息

3）主板。主板测试结果如图9-6所示，主板型号、芯片组以及BIOS参数在软件中显示出来。

制造商：LENOVO　　　　　　模型：90CXCTO1WW。

芯片组：Intel Haswell　　　　　BIOS公司名称：LENOVO。

4）内存。有关内存类型、容量及时序等测试数据如图9-7所示。

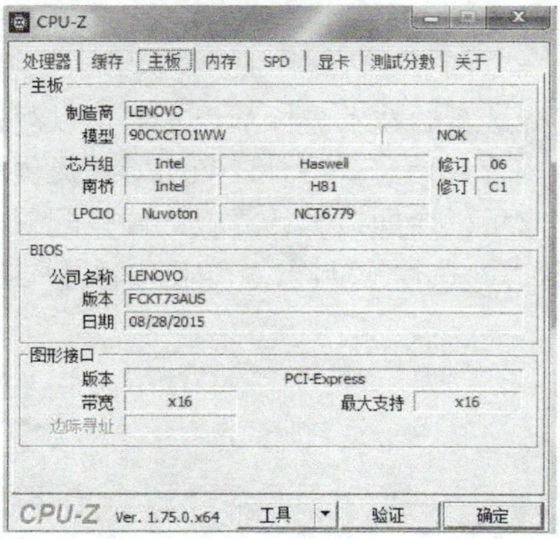

图9-6 主板测试信息 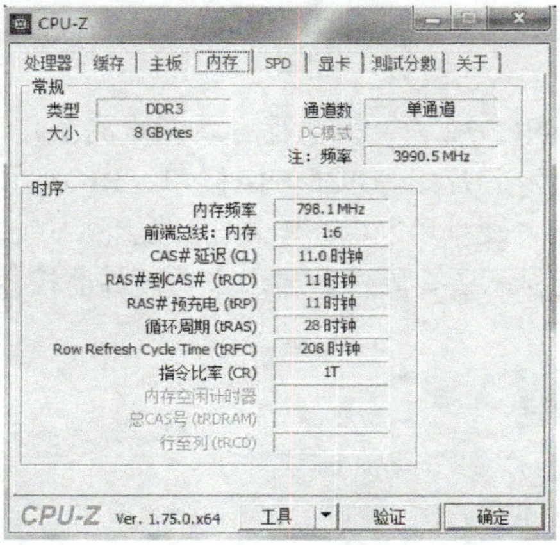　　　　　　图9-7 内存测试信息

类型：DDR3　大小：8GBytes　　频率：3990.5 MHz。

5）SPD。SPD是一组关于内存模组的配置信息。经过测试，相关SPD信息如图9-8所示。

内存插槽选择：插槽#1模块大小：8192MBytes最大带宽：PC3-12800（800MHz）。

通过上述数据，有关CPU、一二三级缓存、主板、内存信息就可以清楚地分辨了。

2. 通过HWiNFO32软件测试整机性能

（1）准备工作

1）软件准备。通过网络下载或者购置测试软件光盘等方式准备好该软件。

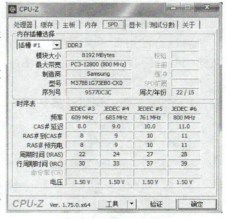

图9-8 SPD测试信息

2）安装软件　HWiNFO32的安装和其他一般软件类似，这里就不再重复。

（2）运行与测试

完成安装后运行HWiNFO32，欢迎界面如图9-9所示。

在图9-9所示的欢迎窗口中单击"配置"按钮，弹出如图9-10所示的设置对话框。完成必要的测试模式设置后单击"确定"按钮返回图9-9所示的对话框。单击"运行"按钮后，程序开始检查系统配置，完成后自动进入如图9-11所示的主界面。

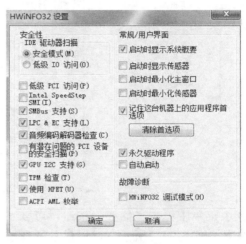

图9-9　欢迎界面　　　　　　　　　　　　　　图9-10　设置窗口

图9-11　HWiNFO32主界面

HWiNFO32的主界面非常简洁，与Windows"系统工具"中的"系统信息"界面差不多。在程序主界面左侧的树状列表中，列出程序检测到的该计算机的硬件信息。其中包括中央处理器、主板、内存、总线、视频适配器、显示器、驱动器、音频、网络、端口等。右侧显示当前计算机的基本信息，如计算机名、用户名、操作系统信息等。

（3）查看硬件参数

查看硬件信息时，单击"硬件"设备前面的"+"，在该项下面列出本计算机当前的硬件名称。如单击"中央处理器"前面的"+"号可以看到该计算机中CPU的型号。要想了解该CPU的详细信息，在该列表中单击该CPU名称，如图9-12所示。

图9-12 硬件参数

在主菜单中单击"摘要"按钮，可以了解处理器、主板、驱动器以及视频芯片组等的基本参数，如图9-13所示。可以显示处理器名称、核心、封装形式、倍频、时钟频率、L1缓存及L2缓存等参数值。

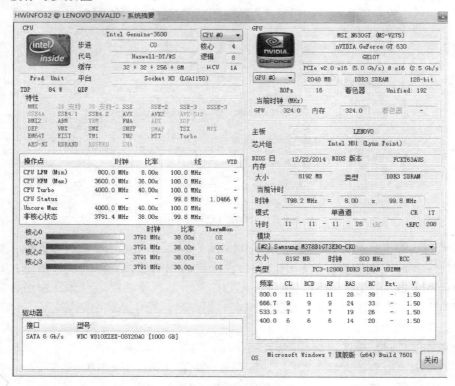

图9-13 处理器摘要

执行"报告"命令，可以对报告中的组件进行选择，并设置好报告导出类型及文件名。

（4）硬件测试

在熟悉了操作界面及掌握了组件参数后，下面将对计算机进行测试。选择"基准测试"菜单或者执行"基准测试"命令后，弹出如图9-14所示的对话框，在该对话框中选择好要测试的内容后，单击"开始"按钮，程序开始进行测试，选择的项目越多测试的时间越长。

（5）参数对比

完成测试后，自动弹出如图9-15所示的测试结果窗口。当根据测试得到的数据不能确定质量情况时，可以单击"比较"按钮，通过比较窗口中同类产品的测试参数，对计算机进行综合评价。为了比较确认本机中CPU的情况，单击CPU测试数据后面的"比较"按钮，弹出如图9-16所示的对照值。

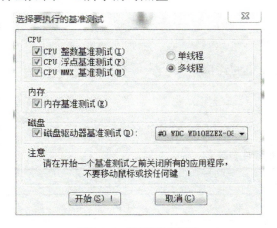

图9-14 选择测试项目   图9-15 测试结果

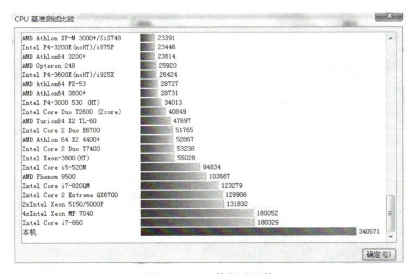

图9-16 CPU数据对照值

【提示】为了保证性能测试的准确性，在测试硬件前要关闭其他所有正在运行的程序。

技能拓展

1. 拓展目的

进一步理解CPU、主板、内存、硬盘等组件的性能指标，掌握通过软件对这些硬件及整机综合性能进行测试的方法。

2. 操作内容

1）计算机主要组件参数测试。

2）计算机整机综合测试。

3. 实训设备与工具

完成硬件与软件安装的计算机，测试软件。

4. 操作步骤

1）下载或者购置测试软件。

2）安装测试软件（部分软件可以直接运行）。

3）运行测试软件，记录相应信息。

4）分析（对比）测试结果，对计算机做出简单的评价。

5. 记录测试结果

将测试结果分别填写在表9-6和表9-7所对应的项目中。

（1）主要组件性能参数

表9-6　计算机硬件参数

测试软件名称			版　本　号	
CPU	名称		代号	
	规格		指令集	
	封装			
	当前时钟频率			
缓存	一级缓存大小			
	二级缓存大小			
	三级缓存大小			
主板	厂商		型号	
	南北桥芯片			
	BIOS类型		BIOS版本	
内存	类型		容量	
	频　率			
驱动器	驱动器通道			
	驱动器型号			

（2）整机性能评价

表9-7　计算机性能评价

测试软件名称		版　本　号	
测试结果及评价			

✎ 习题

1．简答题

1）什么是摩尔定律？

2）计算机用户分为哪几个群体？其特点分别是什么？

3）在目前市场中，优秀内存条有哪些品牌？

4）一体机和笔记本式计算机之间的区别及各自的优点是什么？

2．判断题

1）选购计算机时，应该选择市场上价格最贵的计算机。　　　　　　　　　　（　　）

2）选购计算机时，应先选择主板，再选择CPU等组件。　　　　　　　　　（　　）

3）所谓三合一主板指的是主板上集成了显卡、声卡与网卡。　　　　　　　（　　）

4）个人计算机的三大要素指微处理器芯片、半导体存储器和系统软件。　　（　　）

5）在当今计算机的发展趋势下一体机将取代普通计算机成为台式计算机的主流。

　　　　　　　　　　　　　　　　　　　　　　　　　　　　　　　　　（　　）

学习目标

1）了解Ghost的基本功能。
2）掌握利用Ghost分区恢复功能快速还原计算机软件或数据。
3）掌握利用Ghost硬盘"克隆"功能实现批量计算机软件快速安装。

任务1 快速备份和还原分区

任务描述

在最短的时间内恢复计算机的系统、软件或数据。

任务分析

由于操作失误或者病毒等原因，导致操作系统崩溃、应用软件无法正常运行及硬盘上的数据丢失等问题时，用户往往要求计算机维护者以最快的速度恢复到原来的状态。对此，人们自然想到是否可以像文件复制一样将硬盘上的某个分区事先进行备份，当出现问题时，用备份的分区进行恢复，答案是肯定的。

知识准备

1. Ghost的功能

Ghost软件是美国赛门铁克公司（Symantec）推出的一款出色的硬盘备份还原工具，可以实现FAT16、FAT32、NTFS、OS2等多种硬盘分区格式的分区及硬盘的备份还原，俗称"克隆"软件。Ghost不但具有硬盘到硬盘的克隆功能，还附带有硬盘分区、硬盘备份、系统安装、网络安装、升级系统等功能。除了用于硬盘或分区的"克隆"外，Ghost还能够很好地实现操作系统和数据文件的备份，因此，在新装机、更换硬盘及日常维修时特别有用。主要功能如下：

1）硬盘直接"克隆"。
2）创建硬盘镜像备份文件。
3）将镜像备份恢复到原硬盘。
4）网络"克隆"。

2. Ghost的特点

与一般的备份和恢复工具不同的是：Ghost软件备份和恢复是按照硬盘上的簇进行的，

这意味恢复时原来的分区会完全被覆盖，已恢复的文件与原硬盘上的文件地址不变。系统受到破坏时，由此恢复能达到系统原有的状况。在这方面，Ghost有着绝对的优势，能使受到破坏的系统得到修复。

Ghost的备份还原是以硬盘的扇区为单位进行的，也就是说可以将一个硬盘上的物理信息完整复制，而不仅是数据的简单复制。Ghost支持将分区或硬盘直接备份到一个扩展名为.gho的文件里（赛门铁克把这种文件称为镜像文件），也支持直接备份到另一个分区或硬盘里。

3. Ghost的主菜单

启动Ghost软件后，首先显示程序信息，如图10-1所示。

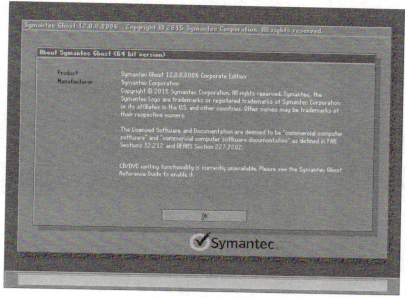

图10-1　程序信息

单击"OK"按钮或者直接按<Enter>键后进入主菜单，如图10-2所示。

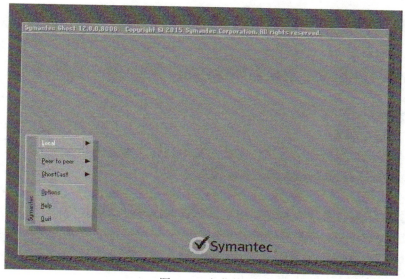

图10-2　主菜单

在如图10-2所示的界面中，有四个主要选项：Local（本地）、Options（选项）、Help（帮助）和Quit（退出）。

Local：本地操作，对本地计算机上的硬盘进行操作。

Options：使用Ghost时的一些选项，一般使用默认设置即可。

Help：一个简洁的帮助。

Quit：退出Ghost。

要退出Ghost程序可选择"Quit"命令，或者通过方向键使"Quit"选项高亮度显示后按<Enter>键（有关键盘与鼠标两种操作方法类似，以后只叙述鼠标部分），如图10-3所示。

选择"Quit"命令后，弹出如图10-4所示的确认窗口。确认要退出程序，在此窗口中单击"Yes"按钮，结束Ghost程序的运行；否则，单击"No"按钮回到主菜单。

图10-3　退出

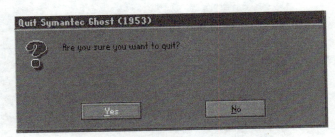

图10-4　确认退出

 任务实施

利用Ghost程序事先将重要的分区生成一个镜像文件，即做好分区的备份工作；当发生软件故障或数据丢失时，再应用Ghost程序将备份好的镜像文件还原到指定分区。

例如，某用户的计算机操作系统崩溃，无法正常使用。由于在装机时已经将C盘以镜像文件的方式备份于该计算机的E盘上，通过Ghost程序将E盘上的镜像文件还原到C盘后，不用多少时间，计算机立刻恢复正常运行。

1. 准备工作

一台正常运行的计算机，硬盘至少有2个分区，启动U盘一个或启动光盘一张，Ghost程序。

2. 制作镜像文件

（1）运行Ghost程序

Ghost软件可以在系统中通过运行可执行程序打开，根据所装系统版本选择64位或32位Ghost程序，如图10-5所示。

Ghost文件也可以存放于硬盘除系统盘外的其他盘中，若执行程序存放于E盘Ghost12文件夹中，则用启动盘进入DOS环境后，将当前盘符更改为E盘后，执行如下操作：

E:\cd ghost12↵（按<Enter>键）

E:ghost12\Ghost64↵（按<Enter>键）

图10-5　Ghost程序

 156

（2）主菜单选择

进入主菜单，在"Local"菜单中选择"Partion"→"To Image"命令，如图10-6所示。

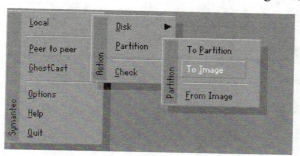

图10-6　分区到镜像菜单

涉及的英文单词含义如下：

Disk：磁盘。

Partition：分区。在操作系统里，每个硬盘盘符（除了C盘以外）对应着一个分区。

Image：镜像。镜像是Ghost的一种存放硬盘或分区内容的文件格式，扩展名为.gho。

To：到。在Ghost中，简单理解为"备份到"的意思。

From：从。在Ghost中，简单理解为"从……还原"的意思。

┤小技巧├

利用U盘启动也可以快速打开Ghost软件。插入U盘，安装U盘启动软件，重启操作系统设置好U盘为第一启动，进入U盘启动后在主菜单找到Ghost选项进行选择启动Ghost软件。

（3）选择源硬盘

选择"Partion"→"To Images"命令后，出现如图10-7所示的界面。要求对源物理硬盘进行选择，在只有一个硬盘的一般情况下，单击"OK"按钮即可。

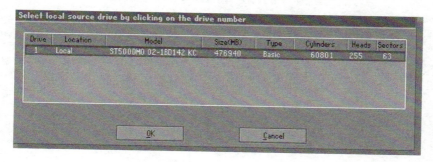

图10-7　选择源硬盘

（4）选择源分区

在完成了源硬盘的选择后，还要对分区进行选择，如图10-8所示。

从图10-8中，可以看到硬盘上有四个分区，数字1、2、3、4分别对应盘符C、D、E、F。由于这里想备份操作系统及应用软件所在的C盘，因此选择分区1（如果属于备份数据区D，则选择分区2）。选择C盘（高亮度显示）后，单击"OK"按钮。

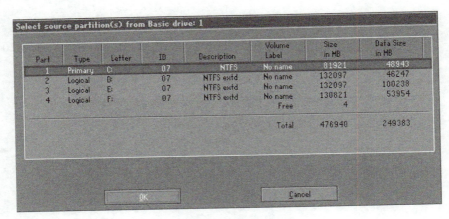

图10-8　选择分区

（5）镜像文件路径及文件名

选择生成的镜像文件储存的路径并输入该文件名称，如图10-9所示。

此窗口类似于Windows中的"保存"对话框，只是略有不同，具体操作如下。

1）文件路径。（这里假设Ghost程序位于E:\Ghost12目录中）默认路径为Ghost程序所在的盘符目录，即E:\Ghost12，如果想更改路径，则可以单击下拉箭头进行选择，操作方法与Windows"保存"对话框一样。这里，选择默认路径（E:\Ghost12）。

2）输入文件名称。镜像文件的扩展名是.GHO，文件名称用户可以任意命令，但须符合文件命名规则，最好有一定意义，以便将来辨认。

在"File name"栏中输入即将生成的镜像文件的名称，例如：WIN7。

文件类型选择默认值（.GHO），这样，镜像文件的文件全名是WIN7.GHO，保存的路径是E:\Ghost12文件夹，完成后单击"Save"按钮。

图10-9　路径与文件名

这里，也可以选择磁盘上已有的镜像文件，新的文件将覆盖原来的文件。

如果磁盘空间不够，程序将提示是否将镜像文件存储在多个分区上。遇到此类情况，建议先退出程序，移动该盘上有用的文件、删除不必要的文件，然后再重新运行程序。

（6）选择压缩

接下来，程序会询问是否压缩备份数据，并给出3个选择，如图10-10所示。

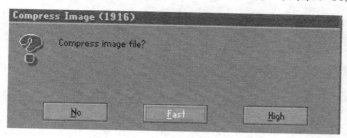

图10-10 选择压缩方式

● No：表示不压缩。
● Fast：表示小比例压缩而备份执行速度较快。
● High：表示高比例压缩但备份执行速度较慢。

一般选择"Fast"，单击"Fast"按钮，弹出如图10-11所示的确认界面，单击"Yes"按钮即开始进行硬盘分区的备份。

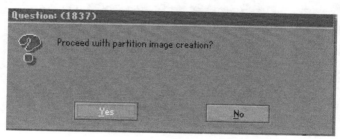

图10-11 确认制作镜像文件

（7）制作镜像

在生成镜像文件的过程中，系统自动显示如图10-12所示的窗口，该窗口主要由以下几个部分组成：

● 进度指示区：指示备份分区操作的进度。
● 统计区：显示复制速度、文件容量和时间（已用时间、剩余时间）等。
● 说明区：是否本地磁盘、源分区信息（类型、总容量、使用容量）、目标文件路径及文件名、正在备份的文件信息等。

Ghost备份的速度相当快，不用久等就可以完成备份。备份的文件以.gho为扩展名保存在设定的目录中。

系统生成镜像文件后，显示如图10-13所示的确认对话框，单击"Continue"按钮返回主窗口。至此，整个C盘已经以WIN7.GHO镜像文件形式备份于E盘Ghost12文件夹中。退出Ghost程序，取出启动U盘或启动光盘，重新启动计算机，交付用户使用。

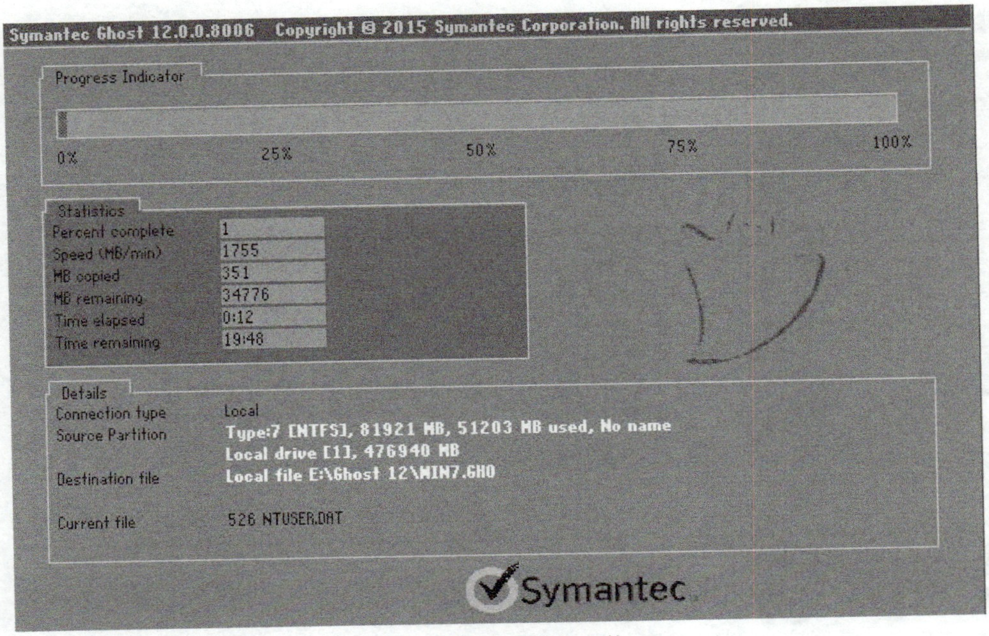

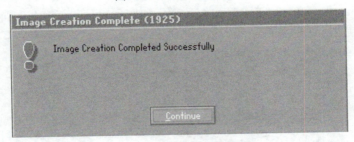

图10-12 生成镜像文件

图10-13 完成制作镜像

3．快速还原

通过前面的操作，已经将安装了操作系统及应用软件的整个C盘以镜像文件的方式备份好了，当计算机在使用的过程中出现操作系统崩溃、应用软件无法正常运行、中毒等不正常现象时，可以通过下述操作在较短的时间内快速还原整个C盘。

1）运行Ghost程序。通过前面介绍的方法启动Ghost程序。

2）主菜单选择。出现Ghost主菜单后，在"Local"菜单中选择"Partion"→"From Image"命令，如图10-14所示，选择"From Image"后进入下一步。

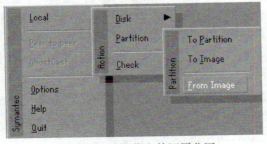

图10-14 从镜像文件还原分区

3）选择镜像文件。在如图10-15的窗口中选择在前面已经生成的镜像文件，需要注意的是路径及镜像文件名必须正确。

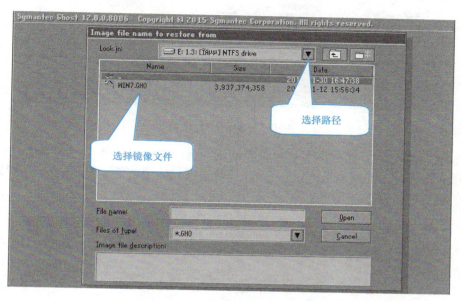

图10-15　选择路径与文件

此窗口类似于Windows中的"打开"对话框，具体操作如下：

①选择路径（提示：本例镜像文件是E:\Ghost12\WIN7.GHO）。

默认路径为Ghost程序所在盘符目录，即E:\Ghost12。如果想更改路径，则可以单击下拉箭头进行选择，操作方法与Windows"打开"对话框一样。

②选择文件。正确选择路径后，可以看到该文件夹中的内容，本例中为WIN7.GHO，选择它即可。选择好镜像文件后，该文件名自动出现在"File name"文本框中，此时路径与文件的选择已经完成，单击"Open"按钮进入下一步。

4）选择源分区。如图10-16所示，由于镜像文件中只有一个分区，单击"OK"按钮。

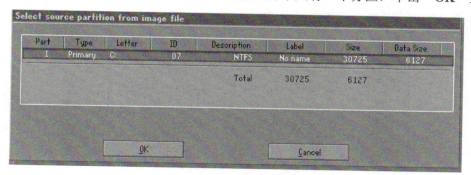

图10-16　选择源分区

5）选择目标硬盘。在完成备份文件选择后，出现了如图10-17所示的窗口，要求对目标硬盘进行选择，在只有一个硬盘的情况下，单击"OK"按钮即可。

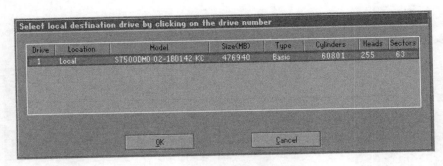

图10-17 选择目标硬盘

6）选择目标分区。在完成了目标硬盘的选择后，需要对具体还原到哪个分区作出选择，如图10-18所示。这里有4个分区，要将操作系统及应用软件还原到C盘，所以选择C盘所对应的第1分区，使之高亮度显示，再单击"OK"按钮。

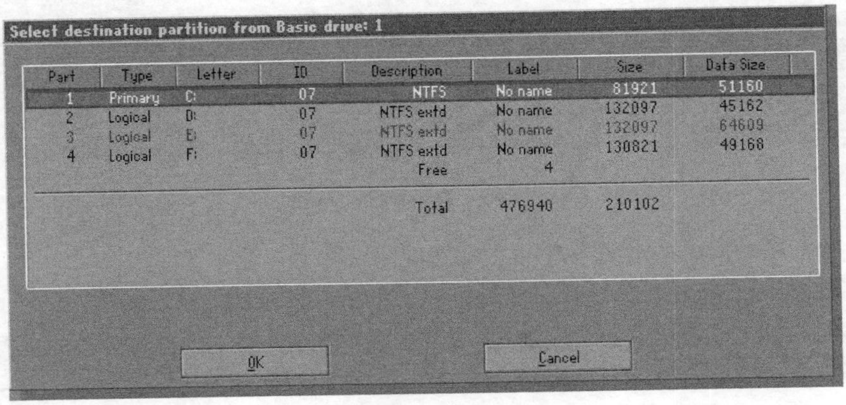

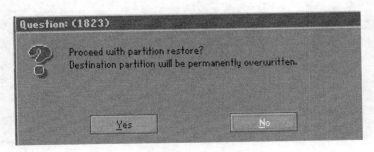

图10-18 选择目标分区

由于恢复操作会覆盖选中分区，也就是破坏C盘上现有的数据，因此在执行还原操作前弹出如图10-19所示的对话框，单击"Yes"按钮后开始恢复分区（如果单击"No"按钮则放弃该操作）。

图10-19 确\认恢复

7）恢复分区。在还原分区的过程中，显示如图10-20所示的进度及信息窗口。
完成分区还原的操作后，系统自动弹出如图10-21的提示窗口。单击"Continue"按钮返回主菜单，或者单击"Reset Computer"按钮重新启动计算机。

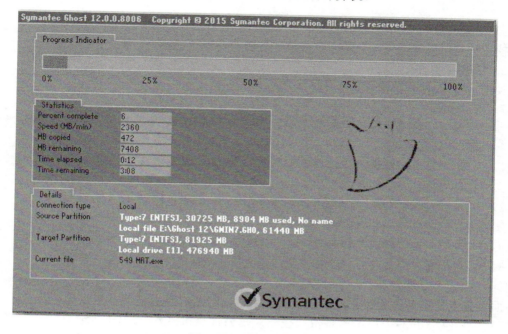

图10-20 还原分区过程

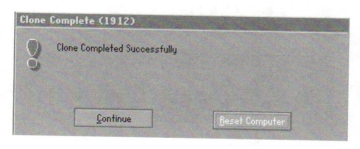

图10-21 完成分区还原

8）重新启动计算机。在重新启动计算机前，拔出U盘或取出光驱中的光盘，重启后，即可以正常方式启动该计算机。至此，已经用以前所做的备份文件完全恢复了C盘。

【注意事项】

1）按照用户要求完成所有软件安装并通过用户认可后，应该及时将C盘备份。

2）如果因疏忽，在装好操作系统一段间后才想起要克隆备份，那么也没关系，备份前必须先将C盘里的垃圾文件、注册表里的垃圾信息清除，升级杀毒软件并清除病毒。

3）备份盘的可用容量必须大于C盘已用空间，具体视压缩方式而定，最好是备份盘的可用容量大于C盘总容量。

4）在还原备份时一定要注意选对目标硬盘与分区。

5）当感觉系统运行缓慢、系统崩溃、中了比较难以清除的病毒时，建议进行克隆还原来解决问题。

技能拓展

1. 拓展目的

模拟计算机维修任务，熟悉并掌握分区备份及还原技能。

2. 拓展内容

使用一键Ghost软件快速备份分区和还原分区。

3. 实训设备

一台安装好系统的计算机，硬盘至少2个分区，一键Ghost安装软件，U盘启动盘。

4. 操作步骤及要求

1）安装一键Ghost软件。在计算机中打开一键Ghost安装软件进行安装。

2）运行一键Ghost软件。一键Ghost软件可在Windows下直接运行，安装后"立即运行"，或选择"开始"→"所有程序"→"一键GHOST"→"一键GHOST"命令即运行，如图10-22所示。

3）备份系统。检查并记录C盘容量，检查D盘（或E盘）剩余空间，保证有足够的空间来存放镜像文件，由于一键Ghost操作界面十分友好，备份和还原变得非常简便。若要对当前系统进行备份，可在图10-23中单击"备份"按钮。重启计算机进入一键Ghost软件进行。选择一键Ghost版本，选择硬盘接入方式，进入一键Ghost主菜单，选中"一键备份系统"单选按钮，单击"备份"按钮，开始备份（备份的镜像文件一般会放在自动分割出来的隐藏分区中），如图10-23所示。

图10-22　一键Ghost

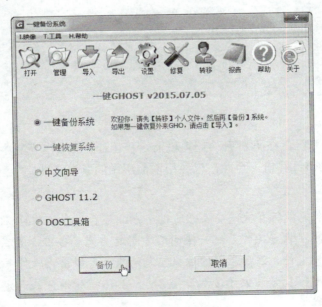

图10-23　一键备份系统

4）模拟故障。重启计算机，通过U盘启动计算机格式化C盘，观察重启后的故障。

5）还原系统。用刚才备份好的镜像文件还原C盘分区。重启计算机，选择一键Ghost

版本，选择硬盘接入方式，进入一键Ghost主菜单，选中"一键恢复系统"单选按钮，单击"恢复"按钮开始恢复系统（一键Ghost软件会自动寻找隐藏分区里的镜像文件进行恢复），如图10-24所示。

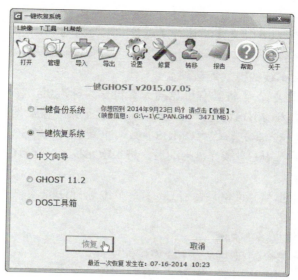

图10-24　一键还原系统

任务2　批量安装计算机软件

　任务描述

有一批计算机（例如，同一机房或者企事业单位、网吧等添置的相同计算机）已经完成硬件安装，要求在最短的时间内完成操作系统、应用软件等的安装。

　任务分析

对于一个需要大量相同配置计算机的机房、网吧或单位，当安装好硬盘后，如果一台一台地进行磁盘分区、安装操作系统、安装应用软件等，费时费力。但是，应用Ghost软件的硬盘"克隆"功能，就能在较短的时间内完成批量软件安装任务。

　任务实施

1．准备工作

至少2台相同配置的计算机，其中1台最好配有光驱，将其安装好全部软件后作为标准机；另1台计算机上的硬盘最好删除分区或者格式化C盘以模拟实际工程，包含Ghost程序的启动U盘或启动光盘。

2．实施步骤

（1）制作母盘　当安装好一批计算机的硬件后，将其中的一台计算机作为标准机来进行磁盘分区、安装操作系统、安装应用软件、网络设置等，并且将这台计算机上的硬盘作为母盘用于"克隆"其他计算机的硬盘。为了更好地缩短工程时间，通常先制作标准机及母盘，将从标准机母盘"克隆"而得的硬盘直接安装到其他计算机上。

> **经验点滴**
> 安装有母盘的计算机在"克隆"前必须进行一段时间的"烤"机。

（2）连接硬盘　将准备克隆的硬盘接入安装了母盘的计算机，并且作为第二硬盘。通常情况下，采用两根数据线的方式连接硬盘。

（3）设置第一启动装置　将具有母盘的计算机作为标准机，在安装好待"克隆"的硬盘后启动计算机，先进入CMOS设置，检查母盘是否位于第一根数据线上，同时设置好第一启动设备（一般为U盘或光驱）。保存CMOS参数，重新启动计算机。

（4）启动Ghost程序　从U盘或光盘启动后，进入DOS状态，运行Ghost程序进入主菜单。

（5）硬盘直接"克隆"

1）主菜单选择。进入主菜单后，在Local菜单中选择Disk项。"Disk"菜单有三个选项，其作用分别是：

● To Disk：硬盘直接"克隆"。

● To Image：将整个硬盘生成一个映像压缩文件。

● From Image：将映像压缩文件还原到硬盘中。

在"Disk"菜单中选择"To Disk"，选择硬盘直接"克隆"，如图10-25所示。

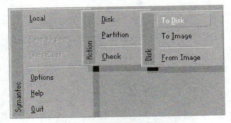

图10-25　从磁盘到磁盘

2）选择源物理硬盘。要进行硬盘"克隆"，首先要选择源盘，在图10-26中有两个硬盘，选择第一硬盘作为源盘（即制作好的母盘），单击"OK"按钮。

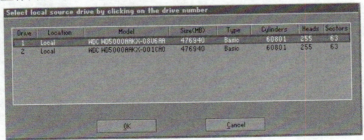

图10-26　选择源盘（母盘）

【警告】源盘（Source）的选择是很关键的一步（特别是当硬盘的容量和型号一样时），为了保证母盘作为源盘，首先在连接硬盘时，确保母盘第一个连接在主板上，作为启动盘，这样在Ghost中Drive序号为1的肯定是母盘，另外也可以通过在Ghost中查看分区信息确认母盘。

3）选择目标硬盘。在选择好源盘后，选择目标盘，如图10-27所示。前面已经正确选择第一硬盘（母盘）作为源盘，这里肯定是选择第二硬盘作为目标盘。用方向键选择第二个硬盘作为目标盘（即准备克隆的硬盘），单击"OK"按钮。

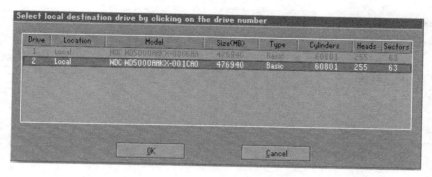

图10-27　选择目标盘

在完成目标硬盘选择后，显示目标盘详细情况，如图10-28所示。

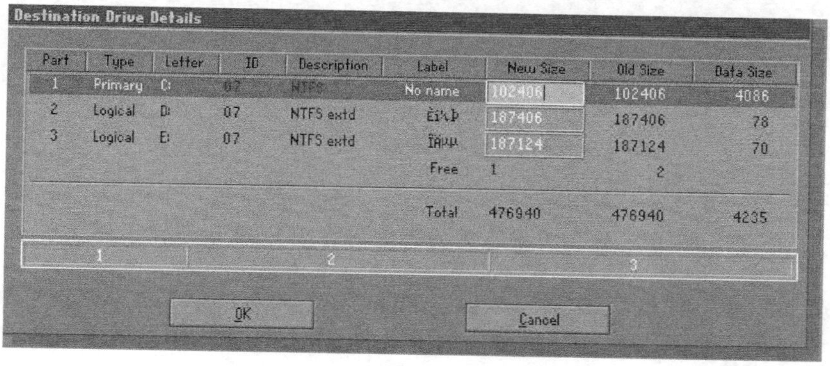

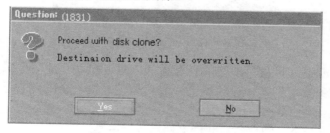

图10-28　目标盘分区信息

如果两个硬盘大小一致，直接按<Enter>键或者单击"OK"按钮即可；如果不一致或者想调整分区大小，则可在"New Sizes"中输入新的数值，再单击"OK"按钮。

4）执行"克隆"操作。由于硬盘复制会破坏目标盘上的所有数据，因此在真正执行前，Ghost程序出现如图10-29所示的确认对话框。

图10-29　确认硬盘"克隆"

单击"Yes"按钮后，进入"克隆"过程，如图10-30所示。这个过程大约需要几十分钟，主要取决定于CPU频率、内存及硬盘大小。

167

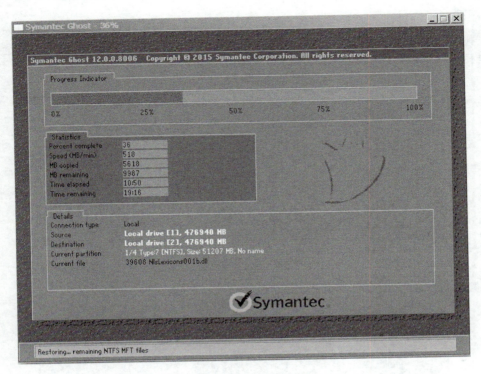

图10-30 硬盘"克隆"进程

> **┃特别提示┃**
>
> 在进行"克隆"期间，千万不要随意关闭电源，以免硬盘受到损坏。

5）完成"克隆"。硬盘复制完成后，屏幕弹出如图10-31的对话框，单击"Reset Computer"按钮将立刻重新启动计算机；单击"Continue"按钮则返回主菜单。这里，单击"Continue"按钮，退回主菜单后再退出Ghost程序，然后关闭计算机。

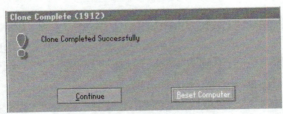

图10-31 完成硬盘"克隆"

至此，一个与源盘（母盘）一样的目标盘（子盘）已经"克隆"成功，可以在关机后将"克隆"好的硬盘安装到其他计算机上，启动该计算机，会发现它已经拥有了与母盘一样的操作系统、应用软件及网络设置等。

接下来，再安装一个新硬盘到标准机上，重复上述操作即可。

3．注意事项

1）计算机硬件配置完全相同时，正确克隆后的子盘肯定能正常工作。

2）如果硬盘容量有差别，只要硬盘剩余容量足够，Ghost程序会自动调整子盘分区大小。只要克隆过程能顺利完成，如果其他配置相同，子盘肯定也能正常工作。

3）如果主板或者CPU型号不同，尽管克隆过程能正常完成，但是子盘无法在不同配置的计算机上正常工作（出现无法启动操作系统、死机等现象）。

 任务小结

对于配置相同的批量计算机，安装硬件时先在其中的一台安装硬盘，完成标准机的软件安装并且通过各项测试后，利用Ghost程序中的硬盘"克隆"功能"克隆"其他所有硬盘，再将"克隆"好的硬盘安装至其他计算机上，在完成硬盘安装的同时，操作系统、应用软件及资料等安装任务也同时完成了。利用此方法，不仅缩短了工程时间、提高了工作效率，而且可以使同批计算机具有统一的硬盘分区、操作系统、应用软件及相关数据，在安装新机房、安装单位及网吧新置计算机等具有批量特点的工程中表现了较高的实用功效。

✏ 习题

1. 简答题

1）Ghost具有哪些功能？

2）Ghost在实际的工程与维护中起什么作用？

2. 单项选择题

1）Ghost主菜单中，将整个分区备份保存于硬盘上，正确的选择是（   ）。

    A. Local→Disk→To Images   B. Local→Disk→From Images

    C. Local→Partion→To Images   D. Local→Partion→From Images

2）Ghost在压缩备份数据时，执行速度最快的方式是（   ）。

    A. No   B. Fast   C. High   D. Slow

3. 判断题

1）如果没有鼠标，那么将无法进行Ghost的操作。   （   ）

2）在制作C盘镜像文件前必须对C盘进行大扫除，清理所有临时文件与不必要的文件。

        （   ）

3）在用镜像文件恢复某分区前，必须先格式化该分区。   （   ）

4）在进行硬盘"克隆"时，不必正确选择源盘与目标盘，系统会自动进行判断。

        （   ）

5）在进行硬盘"克隆"时，如果目标盘还未分区，"克隆"操作将无法进行。

        （   ）

6）Ghost程序在进行硬盘"克隆"期间，会自动修复目标盘的物理性损伤。（   ）

4. 案例分析

1）某单位购置了多台相同配置的计算机，在安装软件时，应用硬盘"克隆"的方法顺利完成了任务。过了一段时间，计算机A正常运行，而计算机B出现系统崩溃故障。技术员小王检查该批计算机后发现没有C盘分区备份，因此，将计算机B的硬盘安装到计算机A上，以计算机A的硬盘为源盘，对计算机B的硬盘进行硬盘直接"克隆"。结果计算机B很快恢复了正常工作，但是客户非常不满意。这是为什么？正确的维修方法是什么？

2）某计算机公司技术员小李工作非常认真，在为客户安装好新配的计算机后，及时将C盘用Ghost软件备份到了硬盘F上。该计算机在使用半年后出现运行速度慢、经常死机等现象，小李在处理时确定是操作系统的原因（事实也是如此），并且很快用Ghost软件将F盘上的镜像文件还原到C盘。计算机也立刻恢复了正常运行，但是客户发现桌面上建立的所有文件都没有了，为此显得很生气。试问：

①小李的维修过程是否正确？如果存在错误，那么请指出错误之处。

②该用户保存文件的方法是否妥当？如有不妥，那么请指出不妥之处。

项目11 维护与维修基本方法

学习目标

1）了解计算机硬件日常保养方面的知识，掌握主要部件的保养要点。

2）了解计算机软件日常维护工作要点。

3）掌握计算机维修的基本思路、主要规则，掌握计算机故障分类。

4）掌握正确使用计算机维修工具与备件的方法。

5）初步掌握判断计算机故障原因的方法。

任务1 计算机的日常维护与保养

 任务描述

做好计算机日常维护与保养工作。

 **任务分析**

通常，将计算机的日常维护分为硬件维护和软件维护两个方面。

 知识准备

1. 计算机硬件日常维护

所谓硬件维护是指在硬件方面对计算机进行的维护，它包括计算机使用环境、各种组件及外部设备的日常维护及工作中的注意事项等。

（1）计算机的工作环境

要使一台计算机工作在正常状态并延长使用寿命，必须使它处于一个适合的工作环境，主要应该考虑以下几个要点：

1）温度条件。一般计算机应工作在20℃～25℃环境下，现在的计算机虽然本身散热性能很好，但过高的温度仍然会使计算机工作时产生的热量散不出去，轻则缩短计算机的使用寿命，重则烧毁计算机的芯片或其他配件。温度过低则会使计算机的各配件之间产生接触不良的毛病，从而导致计算机不能正常工作。如果条件允许，那么最好在安放计算机的房间里面安装空调。

2）湿度条件。计算机在工作状态下应保持通风良好，湿度不能过高，否则计算机内的线路板很容易腐蚀，使板卡过早老化。

3）电源要求。电压不稳容易对计算机电路和器件造成损害，由于市电供应存在高峰期和低谷期，如果电压经常波动范围大，那么要考虑配备一个稳压器，以保证计算机正常工作所需的稳定电源。对于重要岗位使用的计算机，如果突然停电，则有可能会造成计算机内部数据的丢失，严重时还会造成计算机系统不能启动等各种故障，应该考虑配备一个合适的UPS。

4）防尘与防静电。由于计算机各组成部件非常精密，如果计算机工作在较多灰尘的环境下，就有可能堵塞计算机的各种接口。最好能定期清理计算机机箱内部的灰尘，做好计算机的清洁卫生工作。放置计算机时应该将机壳用导线接地，可以起到很好的防静电效果。静电有可能造成计算机芯片的损坏，为防止静电对计算机造成损害，在打开计算机机箱前应当将手上的静电放掉后再接触计算机的配件。

5）防振与防磁。振动和磁场会造成计算机中部件的损坏（如硬盘的损坏或数据的丢失等），因此计算机不能工作在振动环境中，同时要远离磁场源。

（2）计算机主要组件的日常维护

1）计算机主板的日常维护。很多计算机硬件故障都是因为计算机的主板与其他部件接触不良或主板损坏所产生的，做好主板的日常维护，一方面可以延长计算机的使用寿命，更主要的是可以保证计算机的正常运行，完成日常的工作。计算机主板的日常维护主要应该做到的是防尘和防潮，CPU、内存条、显卡等重要部件都是插在主板上，如果灰尘过多，那么就有可能使主板与各部件之间接触不良，产生未知故障，给工作和娱乐带来很大麻烦。另外，在组装计算机时，固定主板的螺钉不要拧得太紧，各个螺钉都应该用同样的力度，如果拧得太紧则容易使主板产生形变。

2）CPU的日常维护。首先，要保证CPU工作在正常的频率下。通过超频来提高计算机的性能是不可取的，尽量让CPU工作在额定频率下。其次，作为计算机一个发热比较大的部件，CPU的散热问题也是不容忽视的，如果CPU不能很好地散热，那么就有可能引起系统运行不正常、机器无缘无故重新启动、死机等故障，定期检查CPU风扇运转情况是日常维护的一个重点。最后，保养工作中一定要检测并记录CPU工作温度。若有异常情况，则要及时查找原因。

3）内存条的日常维护。对于使用了半年以上的计算机来说，当检查内存条时，你会发现上面有好多灰尘，所以定期做好清洁工作是内存条日常维护的一项重要工作。另外，需要注意的是在新增内存条时，尽量在品牌、型号上选择与原有内存条一样的，这样可以避免系统运行不正常等故障。

4）硬盘的日常维护和使用时的注意事项。首先，要做好硬盘的防振措施，硬盘是一种精密设备，工作时磁头在盘片的表面浮动高度只有几微米，当硬盘处于读、写状态时，一旦发生较大的振动，就可能造成磁头与盘片的撞击，导致硬盘的损坏。由此可见，当计算机正在运行时最好不要搬动它。其次，硬盘正在进行读、写操作时不可突然断电。现在的硬盘转速很高，通常为5400r/min或7200r/min甚至更高，在硬盘进行读、写操作时，硬盘处于高速旋转状态，如果突然断电，则可能会使磁头与盘片之间猛烈磨擦而损坏硬盘。在关机的时候一定要注意机箱面板上的硬盘指示灯是否还在闪烁，如果硬盘指示灯闪烁不止，则说明硬盘的读、写操作还没有完成，此时不宜马上关闭电源，只有当硬盘指示灯停止闪烁，硬盘完成读、写操作后方可关机。

5）光驱的日常维护。光驱易出问题，其故障率仅次于鼠标，光驱在日常使用与维护中要注意以下几点：首先，要保持光驱的清洁，每次使用光驱时，光盘都不可避免地带入一些灰尘，灰尘如果落到激光发射头上，会造成光驱读取数据困难，影响激光头的读盘质量和寿命，还会影响光驱内部各机械部件的精度，所以室内必须保持清洁，减少灰尘。清洁光驱内部的机械部件一般可用棉签擦拭，激光头不能用酒精或其他清洁剂来擦拭，如果必须清洁，则可以使用气囊对准激光头吹掉灰尘，操作时一定要小心，稍不注意就有可能对激光头造成损坏。其次，尽量使用正版光盘，尽管有些盗版光盘也能正常使用，但由于质量低劣，光盘上光道有偏差，光驱读盘时频繁纠错，这样激光头控制元件容易老化，同时会加速光驱内部的机械磨损，如果长时间使用盗版光盘，肯定会降低光驱的使用寿命。再者，养成正确使用光驱的习惯，避免出现不良操作现象，例如，用手直接关闭仓门、在光盘高速旋转时强行让光盘弹出仓门、关闭或重启计算机时不取出光盘等。这些不好的习惯会直接影响光驱的使用寿命。光盘在不用的时候要拿出来，因为只要计算机开着，即使不用光盘，光驱也在工作着。

6）显示器的日常维护。首先是防潮与防磁，长时间不用的显示器要定期通电工作一段时间，让显示器工作时产生的热量将机内的潮气驱逐出去。电磁场的干扰会使显示器内部电路出现不该有的电压及电流，要将强磁场性物质（如电磁炉、手机、多媒体音箱等）远离显示器。其次是做好防尘工作，显示器内部的电压较高（LCD为0.6~1kV，CRT高达10~30kV），这么高的电压极易吸附空气中的灰尘，控制电路板灰尘太多会影响电子元器件的热量散发，使元器件温度上升而烧坏。清除显示器内外的灰尘时，切记将显示器的电源关掉。如果发现LCD显示屏表面有污迹，可用沾有少许水的软布轻轻地将其擦去，不要将水直接洒到显示屏表面上，水进入LCD将导致屏幕短路。另外，显示器是一个大热源，应该给显示器一个良好的通风环境，保证有足够的空间散热。如果有一两个小时都不用显示器，那么最好把显示器关闭。

7）键盘的日常维护。保持清洁依然是日常维护的关键，过多的灰尘会给电路正常工作带来困难，有时造成误操作，杂质落入键位的缝隙中会卡住按键，甚至造成短路。在清洁键盘时，可用柔软干净的湿布来擦拭，按键缝隙间的污渍可用棉签清洁，不要用医用酒精，以免对塑料部件产生不良影响。清洁键盘时一定要在关机状态下进行，湿布不宜过湿，以免键盘内部进水产生短路。在更换键盘时不要带电插拔，带电插拔的危害是很大的，轻则损坏键盘，重则有可能会损坏计算机的其他部件，造成不应有的损失。

8）鼠标的日常维护。在所有的计算机配件中，鼠标最容易出现故障。首先，最好配一个专用的鼠标垫。对于机械式鼠标，既可以大大减少污垢通过橡皮球进入鼠标中的机会，又增加了机械式鼠标橡皮球与鼠标垫之间的摩擦力。对于光电式鼠标可起到减振作用，保护光电检测元件。对于机械式鼠标，一定要定期清除橡皮球及滚动杆上的污垢。使用光电鼠标时，要注意保持感光板的清洁使其处于更好的感光状态，避免污垢附着在发光二极管和光敏晶体管上而遮挡光线接收。光电鼠标中的发光二级管、光敏晶体管都是怕振动的元器件，使用时要注意尽量避免强力拉扯鼠标连线。无线鼠标还要检查电池是否完好。

2. 计算机软件日常维护

（1）操作系统的日常维护

在操作系统的日常维护方面，主要做好以下几项工作：

1）定期升级、备份及还原。应用Windows操作系统自身或第三方提供的升级软件定期进行系统升级，并做好备份及还原工作。

2）定期维护系统注册表。

3）及时升级杀毒软件，防止病毒入侵。

（2）应用软件的日常维护

应用软件种类繁多，这里只介绍日常维护工作中的几个要领：

1）禁止自动运行。有些程序在安装时设置成了开机自动运行，对系统的运行速度产生了很大影响。除了杀毒软件外，应该禁止其他软件的自动装载，以节约系统的开销。

2）卸载不再使用的应用程序。当系统中安装了过多的应用程序时，对系统的运行速度同样也是有影响的。所以如果一个应用程序不再被使用了，就应该及时将其卸载及删除。

3）恢复默认设置。通常一台计算机会有好多人在使用，各人有不同的操作习惯。操作界面的更改会给别人带来不适，可能会感觉到应用软件出了大问题，其实也许只是隐藏了一个工具栏。对于此类情况，恢复默认设置后，再让用户自行设置是最快、最方便的方法。

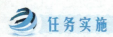 任务实施

将计算机日常维护工作填写在表11-1中。

表11-1　计算机维护记录

1．计算机信息						
计算机类别	□台式机 □手提计算机　□一体机			计算机编号		使用部门

2．工作环境					
工作场所		工作温度		工作湿度	
防尘措施		振动情况		周围磁场	

3．硬件维护记录					
CPU	CPU温度测试值：　　　　℃		风扇：□正常 □异常		硅脂情况：
	CPU工作频率：　　GHz		其他：		
主板	除尘	其他：			
内存	清洁	其他：			
硬盘	紧固	其他：			
显示器	清洁	其他：			
键盘	清洁	其他：			
鼠标	清洁	其他：			

4．软件维护记录	
系统软件	
应用软件	

任务2　计算机故障维修方法

 任务描述

　　计算机出现故障后，快速、有效地做好维修工作。

 **任务分析**

　　对于一个初学者来说，面对计算机故障可能感觉到无从下手，其实这很正常，主要因为计算机维修是一项实践性很强的技术，同时维修经验的积累需要时间。

　　要掌握维修技能其实也简单，大家在安装计算机硬件与软件的时候肯定也遇到了不少问题，比如在安装最小系统时出现过"系统点不亮"的情形。读者通过实际操作，已经了解了一些维修的基本知识与方法。只要按照下面的方法学习，肯定会有很大收获的。

 知识准备

1. 维修的基本思路

　　计算机故障维修的基本思路是：首先根据故障现象分析产生故障的可能因素，然后确定发生故障的部件或位置，并将其排除。

　　计算机故障维修与医生给病人看病一样，首先是要运用一系列方法查找病人的病因，只有在确诊后方可对症下药，将这种查找故障的过程称为计算机故障的定位，俗称"诊断"。

　　诊断是计算机维修的关键，诊断的基本思路是根据故障现象采用相应的检查手段，逐步缩小故障范围，直到最终确定故障发生的组件或位置。通常，先要根据故障的表面现象，将故障可能发生的组件及位置圈定在一个尽可能小的范围内，然后分析是硬件方面的问题还是软件方面的问题。如果是硬件方面的问题，再通过一定的检查及判别，将无故障的组件或者有故障组件的分离出来，最终确定故障组件。如果是软件方面的问题，要分析操作系统是否存在问题；如果有问题，则分析其原因及性质，再进一步分析发生问题的具体部位，达到软件故障定位、定性的目的。总之，就是先粗后细，由表及里地找到故障所在的组件或位置。

　　硬件故障排除的基本思路是将有问题的部件用好的部件替换，对于有问题的部件能否作进一步修理，要看测试设备、能力水平及经济价值。软件故障排除的基本思路是将有问题的操作系统、应用软件进行更新或者全部重装，也可以用Ghost程序将整个系统还原。

2. 计算机故障的分类

　　计算机故障是指造成计算机系统正常工作能力失常的硬件物理损坏、设置不当和软件系统的错误，可以分为硬件故障与软件故障两大类。

　　（1）硬件故障

　　根据故障实质，硬件故障又可以分为硬件真故障和硬件假故障两种类型。

1）硬件真故障。硬件真故障是指计算机硬件系统发生硬件物理损坏所造成的故障。换句话说，硬件真故障是指各种板卡、外部设备等出现电气故障或者机械故障等物理故障，这些故障可能导致所在板卡或外设的功能丧失，甚至出现计算机系统无法启动。例如，计算机开机无法启动、无屏幕输出、声卡无法出声等。

2）硬件假故障。硬件假故障是指计算机系统中的各部件和外设完好，但由于在硬件的安装、设置、外界因素影响（如电压不稳，超频处理等）下，造成计算机系统不能正常工作。譬如，一台正常使用的计算机，在搬动一个地方后无法正常启动而且发出一长一短的报警声音，真正的原因不是内存损坏而是在搬运的过程中内存条松动了；再如，一台正常的计算机在新安装了一个硬盘后无法进入操作系统，通常的原因是两个硬盘的设置有冲突。

（2）软件故障

软件故障指因软件原因而造成的故障，可以说除了硬件故障以外都是软件故障。软件故障的诊断与处理可能是计算机维修人员日常工作的重点。按照软件分类的概念来划分，软件故障又可以分为操作系统故障和应用软件故障。

1）操作系统故障。操作系统故障指由于操作系统的损坏而引发整个计算机系统不能使用或者部分不能使用的软件故障。它的表现形式有计算机无法启动、启动后不能正常工作、某些硬件功能失效、某些软件无法运行等。由于操作系统是所有软件运行的环境和平台，因此操作系统故障绝大部分是属于全局性的。

2）应用软件故障。应用软件故障指特定的应用软件，因安装、设置、使用的错误而导致该软件不能正常使用，或者某些功能失效、发生错误的软件故障。它的特征是故障只限于该应用软件所涵盖的范围内，不影响其他软件的使用。

3．故障维修的规则

尽管计算机故障五花八门、千奇百怪，但由于计算机是一种由逻辑部件构成的电子装置，因此，识别故障也是有章可循的，常用方法如下。

（1）弄清情况

医生看病通常采用"一问二看"的方法，计算机故障维修也一样，首先要与用户交流，了解故障产生的前后过程，具体包括了解机器的工作环境和条件操作；系统近期发生的变化，如移动、装卸软件等。同时也要了解机器的配置情况，安装了何种操作系统和应用软件，了解诱发故障的直接或间接原因与死机时的现象。

（2）故障复现

对于计算机故障，用户的描述有时可能无法正确表达故障现象或者忽视了关键特征，此时，作为维修者，要通过自己的眼睛及耳朵来观察及聆听故障现象，这个过程称为故障复现。

（3）先假后真

确定系统是否真有故障，操作过程是否正确，连线是否可靠，排除假故障的可能后才去考虑真故障。

（4）先软件后硬件

从故障现象难以区分是软件故障还是硬件故障时，先分析是否存在软件故障，再去考虑硬件故障方面的原因。

（5）先外后内

先检查外部设备，再检查主机。在检查了主机外部设备后，才考虑打开机箱。尽可能不要盲目拆卸部件。

（6）严禁带电拔插

硬件诊断中，通常要对一些组件进行拔插，在整个维修过程中严禁带电拔插。在拆机检修的时候千万要记得检查电源是否已切断。

4. 常见计算机故障的判断方法

检测及判断计算机故障的方法很多，常用的方法如下。

（1）观察法

观察法利用人的感觉器官，诸如眼看、手摸、耳听等，了解故障设备有无异常痕迹。观察法是故障判断过程中第一要法，它贯穿于整个维修过程中。观察不仅要认真，而且要全面。要观察的内容主要包括：周围的环境，硬件环境，包括接插头、座和槽等；软件环境，用户操作计算机的习惯、过程等。

例如，在不开机的情况下，观察板卡是否有烧毁的痕迹，接插部位是否有松动脱落的情况。开机时，听到何种类型的报警声音，各种风扇是否在运转等，从中发现损坏的部件及故障现象。

（2）清洁法

清洁法是对怀疑存在故障的部件或连接部位进行卫生清理。使用小刷子、洗耳球、电吹风等将部件表面清理干净。如果要进一步清理，就要用棉签与酒精了。尽管这种方法相对简单，但是却非常奏效。因为计算机不可能在无尘的环境下工作，由于灰尘积累而造成的故障不在少数。通过给计算机部件打扫卫生而使其恢复正常工作，在实际维修中不占少数。

（3）最小系统法

这里的最小系统法是指将计算机以最小系统开启，对计算机进行一次粗的判断，从而为进一步的检测指明方向。

最小系统是指从维修判断的角度能使计算机开机或运行的最基本的硬件和软件环境。最小系统法有两种形式，硬件最小系统法和软件最小系统法。

1）硬件最小系统法。硬件最小系统由电源、主板、CPU、内存及显卡组成。在这个系统中，只连接电源到主板的直流电源线及小喇叭线，这时，小喇叭的作用发挥了。启动计算机后通过声音来判断这些核心组成部分是否可正常工作。如果听到了"嘟"的一声，说明上述各个元件没有问题；如果没有"嘟"的开机声，则问题肯定在这几个组件中了。

2）软件最小系统法。软件最小系统由电源、主板、CPU、内存、显卡、显示器、键盘和硬盘组成。在通过了硬件最小系统的测试后，接下来采用上述软件最小系统来判断系统能否完成正常启动与运行。如果能正常启动电脑并且进入操作系统，则说明上述部件基本没有问题。在软件最小系统下，可根据需要添加或更改适当的硬件。如，在判断启动故障时，由于硬盘不能启动，想检查能否从其他驱动器启动。这时，可在软件最小系统下加入一个软驱或用软驱替换硬盘来检查。又如，在判断音视频方面的故障时，应需要在软件最小系统中加入声卡；在判断网络问题时，就应在软件最小系统中加入网卡等。

最小系统法，主要是要先判断在最基本的软、硬件环境中，系统是否可正常工作。如果不能正常工作，则可判定最基本的软、硬件部件有故障，从而起到故障隔离的作用。

最小系统法与逐步添加法结合，能快速地定位发生在板件上的故障，提高维修效率。

（4）逐步添加/移除法

逐步添加法以最小系统为基础，每次只向系统添加一个组件或软件来检查故障现象是否消失或发生变化，以此来判断并定位故障部位。

逐步移除法正好与逐步添加法相反，在计算机所有硬件及软件到位的情况下，逐步移除一个组件或软件，如果故障现象消失或发生变化，则可以判定故障就是该组件或软件。

逐步添加/移除法也称拔插法，一般要与替换法配合，才能较为准确地定位故障部位。

（5）替换法

替换法是用好的部件去代替可能有故障的部件，以判断故障现象是否消失的一种维修方法。好的部件可以是同型号的，也可以是不同型号的。替换时要遵循以下几点。

1）根据故障的现象或故障维修规则，考虑需要进行替换的部件或设备。

2）按先简单后复杂的顺序进行替换。如，先内存、CPU，后主板。又如要判断打印故障时，可先考虑打印机驱动程序是否有问题，再考虑打印机电缆是否有故障，最后考虑打印机或接口是否有故障等。

3）先检查与怀疑有故障的部件相连接的连接线、信号线等，然后替换怀疑有故障的部件，再后是替换供电部件，最后是与之相关的其他部件。

4）从部件的故障率高低来考虑最先替换的部件，故障率高的部件先进行替换。

（6）升/降温法

人为升高计算机运行环境的温度，可以检验微机各部件（尤其是CPU）的耐高温情况，因而及早发现事故隐患。事实上，升温法采用的是故障促发原理，以制造故障出现的条件来促使故障频繁出现以观察和判断故障所在的位置。

人为降低计算机运行环境的温度。如果故障现象消失或者发生频度减少，则说明故障出在高温或不能耐高温的部件中，此举可以帮助缩小故障诊断范围。

要实施升温法降温法，最方便的手段是使用电风扇：热风档可加热；冷风档可降温。

总之，计算机故障千变万化，检测与判断的方法也不止上述几种，及时交流与总结是提高维修技能的唯一捷径。通过总结，可以摸索出规律；加强交流，可以快速紧跟时代步伐。

在此，需要指出的是在计算机维修过程特别是硬件故障判断中要充分利用BIOS自检信息。计算机在启动过程中要进行自检，如果自检正常，则计算机的小喇叭或蜂鸣器会发生"嘟"的一声。如果自检中发现问题，则会发出不同的报警声，这是主板BIOS的一个基本功能。根据BIOS报警声音从而快速地判断故障源是维修工作者必备的技能。

 任务实施

1. 准备工作

（1）常用维修工具

大小磁性十字螺钉旋具各一把；大小磁性一字螺钉旋具各一把；尖头镊子、尖嘴钳、小刷子各一把；洗耳球、电吹风各一个；一台万用表、一支25W电烙铁及焊丝；一瓶酒精及若干棉签。

（2）计算机零部件

附带驱动程序的显卡、声卡、网卡各一块，总线是PCI或PCI-E、显卡至少是AGP品牌的。光驱及硬盘各一个，带数据线；不同型号的内存条各一个；电源一个。

（3）常用装机软件

一个启动U盘；Windows 7、Windows 10安装光盘；GHOST等装机工具软件；Office 2010、WinRAR等常用应用软件；杀毒软件等。

条件允许时，最好有一台能正常使用的计算机用于测试或者从网上下载驱动程序。

2．故障检测时注意事项

（1）注意安全

这里指的是自身安全及计算机部件安全两个方面：为了保护计算机部件的安全，在任何拆装零部件的过程中，请切记一定要将电源拔去，不要进行热插拔；此外，要重视计算机绝缘问题，做好自身安全防范措施。

（2）备好替换部件

找到了故障部件，并不代表马上能将计算机修好，如果没有替换该设备的组件或零部件，那也无法维修。特别要提醒的是，在没有完全相同的零部件替换的情况下，不要立刻选用高档的来替代，要注意是否匹配。

（3）收集好材料，准备好驱动程序

根据已经明确的问题，收集好相应的资料，例如，主板的型号、BIOS的版本、显卡的型号、安装的软件等。

许多用户往往将设备的驱动程序丢失了，此时，要从网上或者其他同行中获得。

（4）保管好物品

维修计算机难免要拆计算机，需要拆下一些小螺钉，请将这些螺钉放到一个小空盒中，维修完毕再将螺钉拧回原位。对于拆下的组件，特别是CPU、内存条等，要放于安全的位置。

3．项目组织

1）拆除内存条或者内存条安装不到位模拟内存故障，启动计算机，观察故障现象。

2）分析故障原因，以硬件最小系统法或者观察法找出故障，并加以修复。

3）计算机正常运行后，关机；松动（或者拆除）硬盘电源接线（或数据线）。

4）启动计算机，观察并记录故障现象。

5）分析故障原因，利用BIOS信息初步判断故障位置。

6）进入CMOS设置，利用硬盘自动检测功能检测硬盘信息。

7）打开机箱，修复故障，重新启动计算机。

8）有条件的学校可以用真正的故障源作示范教学。

4．项目记录

将故障维修过程记录在表11-2中。

表11-2 故障维修记录

1	故障一现象		
	可能原因		
	故障检测	检测方法	判断依据
2	故障二现象		
	可能原因		
	故障检测	检测方法	判断依据

✎ 习题

1. 简答题

1）计算机日常维护包括哪两个方面？这两个方面分别包括哪些具体内容？

2）计算机维修的基本思路是什么？计算机故障维修的规则有哪些？

3）判断计算机故障的常用方法有哪些？

2. 判断题

1）计算机维修应遵循先硬件后软件的原则。 （ ）

2）接到故障机后，第一步工作是打开计算机机箱进行检查。 （ ）

3）计算机故障的产生与计算机工作环境及用户操作习惯无关。 （ ）

项目12 主要设备常见故障及处理

学习目标

1) 了解计算机的启动过程。
2) 了解CPU、主板、内存及硬盘故障现象及原因。
3) 掌握利用开机自检信息诊断常见故障。
4) 基本掌握黑屏故障的诊断与排除方法。
5) 通过案例与实践，提高故障诊断及处理能力。

任务1 开机自检信息诊断硬件故障

任务描述

利用计算机开机过程中的自检及提示信息诊断硬件故障。

任务分析

在用户按下机箱上的开机按钮之后，计算机在主板BIOS的控制下进行自检和初始化。如果工作正常，则机箱上的电源指示灯和硬盘指示灯亮起，可以听到风扇转动的声音；键盘上的三个指示灯出现闪烁；显示器接收到显卡信号后正常工作。但如果系统存在硬件故障，当按下开机按钮后，则往往会出现如下现象：操作系统无法进入、屏幕出现各类提示信息，可能同时伴随报警声。在本任务中，将通过认识及辨别这些提示信息与声音，快速找到故障源。

知识准备

理解计算机的启动过程对分析及判断硬件故障具有非常重要的意义，特别是从提示信息中快速定位故障源。下面分传统BIOS与UEFI BIOS两方面来分析计算机的启动过程。

1. 传统BIOS的启动过程

计算机的启动过程可以分为以下十个步骤：

第1步：当按下电源按钮时，电源就开始向主板和其他设备供电，主板上的控制芯片组在电压稳定后，让CPU开始执行指令，无论是Award BIOS还是AMI BIOS，都会自动跳转到系统BIOS中真正的启动代码处。

第2步：系统BIOS的启动代码首先要做的事情就是进行POST（加电自检）。POST的主要任务是检测系统中一些关键设备是否存在和能否正常工作，例如，内存和显卡等设备。由于POST是最早进行的检测过程，此时显卡还没有初始化，如果系统BIOS在进行POST的过程中发现了一些致命错误，例如，没有找到内存或者内存有问题（此时只会检查640KB常规内存），那么系统BIOS就会直接控制扬声器发声来报告错误，声音的长短和次数代表了错误的类型。在正常情况下，POST过程进行得非常快，几乎无法感觉到它的存在，POST结束之后就会调用其他代码来进行更完整的硬件检测。

第3步：接着系统BIOS将查找显卡的BIOS，找到显卡BIOS之后就调用它的初始化代码，由显卡BIOS来初始化显卡，此时多数显卡都会在屏幕上显示出一些初始化信息，介绍生产厂商、图形芯片类型等内容，不过这个画面几乎是一闪而过。系统BIOS接着会查找其他设备的BIOS程序，找到之后同样要调用这些BIOS内部的初始化代码来初始化相关的设备。

第4步：查找好所有其他设备的BIOS之后，系统BIOS将显示出它自己的启动画面，其中包括系统BIOS的类型、序列号和版本号等内容。

第5步：接着系统BIOS将检测和显示CPU的类型和工作频率，然后开始测试所有的RAM，并同时在屏幕上显示内存测试的进度。

第6步：内存测试通过之后，系统BIOS将开始检测系统中安装的一些标准硬件设备，包括硬盘、CD-ROM、串口、并口等设备，另外绝大多数较新版本的系统BIOS在这一过程中还要自动检测和设置内存的定时参数、硬盘参数和访问模式等。

第7步：标准设备检测完毕后，系统BIOS内部的支持即插即用的代码将开始检测和配置系统中安装的即插即用设备，每找到一个设备之后，系统BIOS都会为该设备分配中断、DMA通道和I/O端口等资源，大多数BIOS同时在屏幕上显示出设备的名称和型号等信息。

第8步：到这一步为止，所有硬件都已经检测配置完毕了，大多数系统BIOS会重新清屏并在屏幕上方显示出一个表格，其中概略地列出了系统中安装的各种标准硬件设备，以及它们使用的资源和一些相关工作参数。这个表在部分版本中可以让使用者开启或关闭，当然有些版本为了加速开机而将这一步直接隐藏省略。

第9步：接下来系统BIOS将更新ESCD（扩展系统配置数据），通常ESCD只在系统硬件配置发生改变后才会更新，所以不是每次启动机器时都能够看到"Update ESCD…Success"这样的信息。

第10步：ESCD更新完毕后，系统BIOS的启动代码将进行它的最后一项工作，即根据用户指定的启动顺序引导计算机从硬盘或光驱启动。以从C盘启动为例，系统BIOS将读取并执行硬盘上的主引导记录，主引导记录接着从分区表中找到第一个活动分区，然后读取并执行这个活动分区的分区引导记录，接下来就显示出人们熟悉的操作系统启动界面。

2. UEFI BIOS的启动过程

UEFI BIOS系统的开机流程分5个阶段，具体如下。

（1）SEC阶段

SEC（安全性）阶段其主要的特色为"Cache as RAM"，即处理器的快取当成内存。由于C语言需要使用堆栈，在这个阶段的系统内存尚未被初始化，在没有内存可用的情况下，便把处理器的快取当成内存来使用，在主存储器被初始化之前来进行预先验证CPU/芯片组及主板。

因为这时侯没有快取，会导致处理器的效能变得较差，所以在内存初始化完毕之前，SEC和PEI阶段的程序代码越简短，越能减少这个副作用。

（2）PEI阶段

和传统BIOS的初始化阶段类似，PEI（EFI前初始化）阶段是用以唤醒CPU及内存初始化。这时候只初始化了一小部分内存。同时，芯片组和主板也开始初始化。接下来的服务程序会确定CPU芯片组被正确初始化，在此时，EFI驱动程序派送器将加载EFI驱动程序内存，进入了起始所有内存的DXE阶段（驱动程序执行环境）。

（3）DXE阶段

DXE的主要功能在于沟通EFI驱动程序及硬件。也就是说此阶段所有的内存、CPU（在此是指实体两个或以上的非核心数目，也就是双CPU插槽处理器甚至是四CPU插槽处理器）、PCI、USB、SATA和Shell都会被初始化。

（4）BDS阶段

在BDS（开机设备选择）阶段，使用者就可以在开机管理者程序页面，选择要从哪个侦测到的开机设备来启动。

（5）TSL阶段

然后进入TSL（短暂系统加载）阶段，由操作系统接手开机。除此之外，也可以在BDS阶段选择UEFI Shell，让系统进入简单的命令行，进行基本诊断和维护。

 任务实施

1．报警声音诊断

在检测CPU、内部总线、基本内存、中断、显示存储器和ROM等核心部件过程中如果发现致命性的硬件故障，则可通过扬声器发出的"嘟"声次数来确定故障部位。常见的有：

◆　计算机发出1长1短报警声。说明内存或主板出错，换一内存条试一试。

◆　计算机发出1长2短报警声。说明键盘控制器错误，应检查主板。

◆　计算机发出1长3短的警报声。说明显示卡或显示器存在错误。可以关闭电源，检查显卡和显示器插头等部位是否接触良好或用替换法确定显卡和显示器是否损坏。

◆　计算机发出1长9短报警声。说明主板Flash ROM、EPROM错误或BIOS损坏，用替换法进一步确定故障根源，要注意的是必须是同型号主板。

◆　计算机发出重复短响。说明主板电源有问题。

◆　计算机发出不间断的长"嘟"声。说明系统检测到内存条有问题，应关闭电源重新安装内存条或更换新内存条重试。

2．开机错误提示信息诊断

在开机过程中，如果显示器已经点亮说明开机阶段正常且无致命性硬件故障，转入非致命性的硬件故障测试阶段。此时，部分计算机的屏幕会显示显卡型号、主板BIOS信息、内存检测信息等。如果自检中断，则可根据屏幕提示确定故障部位。同理，当BIOS将控制权交启动装置时，如果启动装置存在问题，则系统也会给出相应的提示信息。

（1）操作系统引导出错提示

BIOS引导并将控制权交给操作系统时，常见的错误提示如下：

◆ Error load operation　　　　　　　　装载操作系统错误

◆ Missing operation system　　　　　　缺少操作系统

◆ Non-system disk or disk error　　　非系统盘或者磁盘错误

◆ Diskette boot failure　　　　　　　磁盘引导失败

◆ Reboot and Select proper Boot device or Insert Boot Media in select Boot device and press a key 重启并选择正确的启动装置或者在选择的装置中插入启动介质

出现上述故障提示信息一般由两种原因引起，一种是启动装置设置不正确或者相应的启动装置无操作系统，另一种原因是硬盘上的操作系统或者操作系统的引导扇区出现错误。

（2）从SATA接口设备检测信息判断硬盘情况

计算机已经安装了硬盘，但SATA接口检测信息如下所示：

SATA1　　[Not Detected]

SATA2　　[Not Detected]

"Not Detected"代表没有检测到（部分BIOS显示None字样），如果所有SATA接口均检测不到硬盘，则说明硬盘没接上或硬盘有故障，可以从以下几方面检查：

◆ 硬盘电源线是否有电或接触不良。

◆ 硬盘数据线有没有脱落或者松动。

◆ CMOS设置是否正确。

进入CMOS检查SATA控制器是否设置为"Enabled"，同时相应SATA口是否也设置为"Enabled"。

◆ 硬盘本身物理故障：如果硬盘电源、数据线连接没有问题，特别是在CMOS中无法自动检测到硬盘，那么可以判断硬盘存在物理故障。

（3）其他错误提示信息

错误提示形式众多，下面挑选几个经常出现的信息供大家学习：

CMOS Battery state low：CMOS电池电压过低，应更换。

CMOS Checksum Failure：CMOS中的BIOS检验和读出错，应重新运行CMOS SETUP程序。

KeyBoard Error：键盘时序错。

KB Interface Error：键盘接口错。

HDD Controller Failure：不能与硬盘驱动器交换信息，应检查HDD控制器及数据线。

C Drive Failure：硬盘C对主机信息无反应，检查或更换硬盘驱动器C。

Cache Memory Bad Dot Enable Cache：主板上的高速缓存Cache坏，应更换。

Keyboard error or no Keyboard present：键盘有问题，一般是键盘线与主板接口连接有问题，关机后把键盘线拔下重新插紧即可；如重新开机后仍然出现此信息，则说明键盘本身有故障。

任务2　常见硬件故障的诊断与处理

 任务描述

从常见硬件故障现象判断产生的原因并作出相应处理。

 **任务分析**

对于一个初学者来说，面对计算机故障可能感觉到无从下手，其实这很正常，主要因为计算机维修是一项实践性很强的技术，同时大家也缺少维修经验。

要掌握维修技能其实也不难，在安装计算机硬件与软件的时候肯定也遇到过不少问题，估计大家在安装最小系统时出现过"系统点不亮"的情形。通过前面的理论知识学习及实际操作，读者已经对维修的流程与方法有了较多的了解。通过常见硬件故障现象的诊断与处理，读者肯定会从中得到很大的收获。

 知识准备

1. 主板故障分类

根据对计算机系统的影响可分为非致命性故障和致命性故障。非致命性故障在系统上电自检期间，一般给出错误信息；致命性故障在系统上电自检期间，一般导致系统死机。

根据影响范围不同可分为局部性故障和全局性故障。局部性故障指系统某个或几个功能运行不正常，如主板上打印控制芯片损坏，仅造成打印不正常，并不影响其他功能；全局性故障往往影响整个系统的正常运行，使其丧失全部功能，例如，时钟发生器损坏将使整个系统瘫痪。

根据故障现象是否固定可分为稳定性故障和不稳定性故障。稳定性故障是由于元器件功能失效、电路断路、短路引起，其故障现象稳定且重复出现；而不稳定性故障往往是由于接触不良、元器件性能变差，使芯片逻辑功能处于时而正常、时而不正常的临界状态而引起的，如由于I/O插槽变形，造成显示卡与该插槽接触不良，使显示呈变化不定的错误状态。

2. 内存故障分类

内存故障通常分为两大类："黑屏"类故障和"死机"类故障。

"黑屏"类故障指的是，因为内存故障而使计算机启动时屏幕无任何显示或者启动时计算机不能通过自检程序对其的检测，通常伴随扬声器提示。

"死机"类故障指的是计算机可以启动，但启动后立即"死机"，或启动后在安装软件或执行软件时"死机"。

 任务实施

1. CPU故障

正常使用计算机过程中遇到CPU处理器出现故障的情况并不多见，概率多的是用户对CPU进行超频造成的烧毁，所以目前许多主板多采用锁频技术，禁止CPU超频工作。一般情况下，如果计算机无法启动或是极不稳定，可以从主板、内存等易出现故障的组件入手进行排查，如果主板、内存、显卡、电源、硬盘等其他组件没有问题，那么肯定是CPU出现了问题。

（1）CPU故障表现形式

一般情况下，CPU出现故障后极容易判断，往往有以下表现：

◆　加电后系统没有任何反映，也就是人们经常所说的系统点不亮。

◆　计算机频繁死机，即使在CMOS或DOS下也会出现死机的情况（这种情况在其他配

185

件出现问题，如内存等故障时也会出现，可以利用排除法查找故障出处）。

◆ 计算机不断重启，特别是开机不久便连续出现重启的现象。

◆ 计算机性能下降，下降的程度相当大。

（2）CPU故障维修实例

1）实例1：CPU频率自动下降故障分析与排除。

【故障现象】一台超市所用的计算机，开机后本来1.6GHz的CPU变成1GHz，并显示有"Defaults CMOS Setup Loaded"的提示信息，进入 CMOS Setup并设置CPU参数后，系统正常工作，主频也正常，但过了一段时间后又出现了以上故障。

【故障分析】这种故障常见于可以"软"设置CPU参数的主板上，这是由于主板上的电池电量供应不足，使得CMOS的设置参数不能长久有效地保存所致的。

【故障排除】更换主板上的电池，故障排除。

【经验总结】一般情况下，计算机使用二年后，CMOS电池的电量会有所下降，对于不经常使用的计算机，电池的电量下降更多。配备了热感式监控系统的处理器，会持续检测CPU温度，只要核心温度到达设定值，该系统就会降低处理器的工作频率，直到核心温度恢复到安全界限以下。由于CMOS电池失效，以默认值作为设定温度，从而导致频率下降。

2）实例2。开机后经常死机故障分析与排除。

【故障现象】一台操作系统为Windows 7的计算机，开机一定时间后经常出现死机现象，特别是进入夏季后出现死机的次数越来越多。

【故障检测】此类故障先从软件入手，但用户反映重新安装操作系统后仍频繁死机。排除软件问题后重点放在CPU上，开机10min后检测CPU工作温度，发现明显偏高。关机后拆卸CPU风扇，发现涂于CPU上面的硅脂已经干涸。

【故障分析与排除】由于硅脂已干导热效果下降，风扇不能正常给CPU降温而致温度明显升高，当高于一定值时，系统保护功能起作用。

清除原有硅脂，重新涂上一层，故障排除。

3）实例3。计算机无法启动故障分析与解决方案。

【故障现象】一台CPU频率为2.6GHz的计算机，突然出现死机，再也无法开启，黑屏，无报警声。

【故障检测】通过与用户的交流，了解到近期在硬件与软件上没有什么更改。通电测验，没有任何反应，估计是主板或者CPU方面的故障，打开机箱，应用观察法发现CPU风扇的底座坏了。

【故障分析与排除】由于CPU频率非常高，如果没有CPU风扇为它降温，则CPU会自动停止运行。风扇底座损坏，造成风扇上的散热器与CPU没有直接接触，温度直线上升，自动保护而停止工作。

更换风扇底座，故障排除，计算机恢复正常运行。

2. 主板故障

主板是负责连接计算机配件的桥梁，其工作的稳定性直接影响着计算机能否正常运行。由于它所集成的组件和电路多而复杂，因此产生故障的原因也相对较多。

（1）主板故障现象

主板故障通常表现为系统启动失败、屏幕无显示及系统不稳定等难以直观判断的现象。主板故障的确定，一般通过最小系统法、逐步移除法在排除其他组件可能出现故障后才将目标最终锁定在主板上。

（2）主板故障产生的原因

1）CMOS跳线及主板电池。

当遇到计算机开机时不能正确找到硬盘、开机后系统时间不正确、CMOS设置不能保存等现象时，可先检查主板CMOS跳线是否设为清除"CLEAR"选项（一般是2-3），如果是这样，那么请将跳线改为"NORMAL"选项（一般是1-2），然后重新设置。如果不是CMOS跳线错误，就很可能是因为主板电池损坏或电池电压不足造成的，请换个主板电池试一试。

| 友情提示 |

将CMOS参数恢复为默认值，是解决CMOS设置问题的捷径。

2）与主板程序驱动有关。

主板驱动程序丢失、破损、重复安装会引起操作系统引导失败或造成操作系统工作不稳定的故障，打开"设备管理器"检查系统设备中的项目前面是否有黄色惊叹号或问号。可在安全模式下将标记为黄色惊叹号或问号的项目全部删除，重新安装主板自带的驱动程序（找不到驱动时，可从网上下载），重启即可。

3）接触不良、短路等。

主板的面积较大，容易聚集灰尘，过多的灰尘很可能会引发插槽与板卡接触不良的现象。这时可以用小刷子、洗耳球或者电吹风去除主板上的灰尘，有时还要用酒精认真清理主板上的污垢。如果是由于插槽引脚氧化而引起接触不良的，则可以用细砂纸或者有硬度的白纸插入槽内来回擦拭，擦拭结束后注意将粉尘清理干净。另外，如果CPU插槽内用于检测CPU温度或主板上用于监控机箱内温度的热敏电阻上附上了灰尘，则很可能会造成主板对温度的识别错误，从而引发主板保护性故障的问题，在清洁时也需要注意。

另外拆装时的粗心大意同样是造成主板故障的一大原因，例如，不小心掉入机箱的小螺钉之类的导电物可能会卡在主板的元器件或板卡之间从而引发短路现象，会引发"保护性故障"甚至烧毁主板；再如，安装主板时，少装了用于支撑主板的小铜柱而造成主板与机箱底板短路等。

4）主板散热效果不佳。

一般情况下，计算机电源、CPU散热风扇、显卡风扇或散热片、主板北桥芯片散热片、机箱风扇都为各自部件及整机提供了不错的散热作用。但是随着时间的推移及灰尘的积累，风扇速度变慢、散热片接触面积减小、机箱内气流变化可能会造成主板温度上升，从而导致系统运行一段时间后死机。

5）兼容性问题。

主板承载了好多组件，而人们通常采取更换CPU、添加内存条的方式来升级自己的，往往对相互之间的兼容性问题考虑得过于简单，最终导致系统不能稳定工作。

6）BIOS损伤。

由于BIOS刷新失败或病毒造成主板BIOS受损，如果引导块未被破坏，则可用自制的启动盘进行重新刷新BIOS；假如引导块也损坏，则可用热插拔法或利用编程器进行修复（不管是刷新还是修复，一定要记得先访问生产厂商的官方网站）。

3．内存故障

内存故障表现的现象不一，同时引起的原因也很多，现将两者结合在一起简介如下。

（1）开机无显示

由于内存条原因造成开机无显示故障，主机扬声器一般都会长时间蜂鸣，此类故障是比较普遍的现象，一般是因为：

● 内存损坏：可以用替换法测试，确诊后再更换。

● 主板内存插槽有问题：用观察法找到内存插槽问题的根源，并处理。

● 内存条与主板内存插槽接触不良：用橡皮擦来回擦拭其金手指部位即可解决问题，千万不可用酒精等清洗。

（2）容量不能正确识别

内存插槽上同时插入两条不同品牌及参数的内存时，时常会产生不能正确识别的现象。究其原因是由于电气性能的差别，内存条之间有可能会有兼容性问题，该问题在不同品牌的内存混插的环境下出现的概率较大。因此，使用两条或两条以上内存条时应该尽量选择相同品牌和型号的产品，这样可以最大程度避免内存的不兼容。这里需说明一下，并不是所有的品牌内存都具有良好的兼容性。

（3）内存容量不足

运行某些软件时经常出现内存不足的提示，主要原因如下：

● 由于系统盘剩余空间不足造成，可以删除一些无用文件，多留一些空间即可，一般保持在10GB以上。

● 由病毒感染造成，有些病毒在内存中会自我繁殖，最终病毒程序占据了大部分内存空间，造成内存空间不够而致，严重时会"死机"。

● 本身质量没有问题，确实是目前内存容量无法满足大型程序的运行。

● 质量欠佳，内存作为系统数据存储区和数据交换中转站，如果稳定性不佳，则经常会导致一些莫名其妙的内存不足的系统提示信息。

（4）内存与主板兼容性不好

这种问题较难处理，也较难确定，故障出现的周期比较频繁，但是分别测试内存条和主板时往往又发现不了问题，处理起来非常麻烦。

（5）内存质量不佳的其他表现形式

如果内存条质量欠佳，还可能表现为：Windows系统运行不稳定，经常产生非法错误；安装Windows时产生一个非法错误；Windows注册表经常无故损坏，提示要求用户恢复；启动Windows时系统多次自动重新启动等。

4．硬盘故障

随着硬盘的容量越来越大，传输速率越来越高，但硬盘的体积却越来越小，转速也越来越快，当然硬盘发生故障的概率也就高了。由于硬盘上一般都存储着用户的重要资料，因此对硬盘故障进行正确判断及处理显得更加重要：

（1）BIOS检测不到硬盘

当检测不到硬盘时，通常有下面三种原因：

1）安装不到位。当BIOS检测不到硬盘时，首先要做的是检查硬盘的数据线及电源线是否正确安装？从表面上看，虽然已插入相应位置，但却未正确到位，这种现象时常发生。

2）设置错误。对于目前主流的SATA硬盘，SATA控制器如果设置为"Disabled"或者对应SATA口设置为"Disabled"，那么也会无法检测到硬盘。对于IDE硬盘，还要注意主从设置事宜，通常将硬盘设置为主设备，光驱设置为从设备。如果两个硬盘同时为Master或者同时为Slave而且用同一数据线，那么肯定会产生问题。

3）硬盘或接口发生物理损坏。在排除了硬盘安装问题与跳线设置问题后，BIOS仍然检测不到硬盘，那么最大的可能就是接口可能发生故障，可以换一个接口试一试，假如仍不行，通常应用替换法将此硬盘接到另一台计算机上进行测试，如果能正确识别，那么说明接口存在故障，假如仍然识别不出，则表示硬盘有问题。当然，也可以用另外一个新硬盘或能正常工作的硬盘安装到有故障的计算机上，如果BIOS也检测不到，则表示计算机的接口有故障，如果可以识别，则说明原来的硬盘确实有故障。

（2）检测到硬盘但出现错误提示

BIOS程序能够检测到硬盘，但在启动过程中屏幕出现错误提示信息。启动过程中常见的有关硬盘故障提示信息如下：

● 　No partition bootable：没有分区表。

原因是硬盘未分区或者分区表信息丢失，对于新硬盘，可直接进行分区操作；对于已用硬盘，进行杀毒及恢复分区表操作，若仍然无法挽救，则只好重新分区。

● 　Missing operation system：找不到引导系统。

硬盘未格式化或丢失系统文件，在格式化的同时传递引导文件或者单独传递引导文件。

● 　Non-system disk or disk error：非系统盘或者磁盘错误。

作为引导盘的磁盘不是系统盘，不含有系统引导和核心文件，或者磁盘片本身故障。先检查软驱中是否存在软盘，若存在则取出。从硬盘启动，如果提示信息不变，则说明是硬盘的问题。对于未安装操作系统的新硬盘，安装好操作系统后，不会再产生如此信息。对于配置了多个硬盘的计算机，最大可能是没有正确设置好启动硬盘。对于已安装了操作系统的单个硬盘，先杀毒并传递系统文件。经上述操作仍无效，说明磁盘确实存在错误。

● 　Disk Boot Failure：硬盘引导失败。

对于此类现象，应该综合考虑：在安装操作系统初始阶段，取出了安装光盘并重启后肯能会出现这个现象；BIOS设置错误，一般恢复为出厂默认设置即可解决；硬盘的数据线或电源接口接触不良使得无法从硬盘引导；硬盘引导区存在坏道等。

（3）硬盘既无法启动，又没有任何错误信息

遇到这种情况最难判断故障原因。一般先从启动光盘或启动U盘启动计算机并进入DOS状态。然后切换到硬盘C，假如出现"Invalid drive specification"错误信息，则说明是硬盘的MBR（主引导记录）故障；执行DIR命令后出现"Invalid media type reading drive C:"错误信息则说明是硬盘的DBR（DOS引导记录）故障；如果使用DIR命令后可以正确显示文件名称及大小等信息，则表示文件正常，在转移了硬盘中的文件后重新分区、格式化。

 技能拓展

1. 拓展目的

了解维修市场工作流程、市场需求、常用维修方法。

189

2．实践组织

1）准备工作：联系2～3家计算机维修门市部或者特约维修中心。

2）实践分组：3～4位学生为一组，选1位同学担任小组长负责调查活动。

3）调查内容：

① 调查故障现象及处理方法，并就下列问题之一开展调查：

● 主板、CPU、内存故障现象及检测方法。

● 光驱、硬盘故障现象及检测方法。

● 显卡及显示器常见故障分析与处理。

● 常用外设故障分析与处理。

② 计算机各部件故障比率调查、统计及分析。

3．实践报告

任务3　黑屏故障的诊断与排除

 任务描述

处理装机及维修中经常遇到的黑屏故障，初步学习观察法、清洁法与替换法。

 **任务分析**

在装机过程中，大家肯定遇到了黑屏现象，也就是人们平时所讲的"点不亮"。在装机学习过程中，一台正常工作的计算机，经过一次拆装练习，怎么会黑屏了？面对此类故障现象，大家肯定担心在安装过程中损坏了某个组件。其实不然。除去真正意义上的硬件物理性损坏外，还包括因为安装的设置错误、硬件的接线错误、接插件接触不良、设备驱动程序损坏等多方面的内容。通常，因灰尘过多、接插件松动、电源插头没有插实之类的小问题而引起的故障占了很大的比例。通过下面的学习，就能处理黑屏故障了。

 任务实施

所谓黑屏，通常指显示器接收不到显卡送来的显示信息而没有反应，处于原始的黑色状态。相反，不管是CRT显示器还是LCD，只要接收到了显卡送来的显示信号，则肯定会产生亮度，也就是人们通常所说的"点亮"。对于黑屏现象，可能是插头松了之类的小问题，也可能是主板或者CPU坏了之类的大问题，其检修流程大致如下。

1．检查外部接线

如果电源线没有插实或显示器操作不当，肯定会产生黑屏现象。先检查主机电源、电源连接线以及显示器的电源连接线，再检查显卡与显示器之间的信号线连接情况。还要注意查看显示器的电源开关是否打开，显示器的亮度旋钮是否调到最暗。如果属于上述问题，则纠正错误即可点亮计算机。

开机测试，如故障仍然没有排除则转入下一步。

2．应用观察法

显示器仍然黑屏，但是可以应用观察法中的"耳听"，根据有无声音，可以做出大概的判断。

1）有声：包括只有"嘟"一声的开机声音，或者有长有短的报警声两种。

① 开机声：正常开机的"嘟"声，此时你可以放心了，主机部分肯定没有大问题，问题在显示器那里了。可以使用替换法，换一台显示器验证显示器是否有问题。

② 报警声：有声总比无声好，报警声音也是维修时想听到的，此时可以确定：主机电源、主板及CPU无大问题。打开机箱，检查内存及显卡连接情况。拆下内存及显卡，再重新安装。重启后，如果问题解决，则说明是接触不良；如果仍有报警声，则进入第3步。

2）无声：尽管听不到声音，但是还不能确定主机内部有大问题，接着测试就可以。

只要是"黑屏"，不管可以听到报警声还是听不到声音，都只能打开机箱。打开机箱后，首先仍然是应用观察法查找机箱内部的异常情况。若有异常，问题就是在这里；若无异常，则只好应用下一步的最小系统法。

如果在上述检修过程中出现了"点亮"，则可以利用BIOS屏幕提示信息作进一步的处理，具体可参阅本项目任务1的内容。

3．应用最小系统法

采用最小系统法主要是对主机部分的重要组件及显示器进行大致的判断。只保留电源、主板、CPU（含风扇）、内存条、显卡，并连接好显示器。开机后会产生下面两种情况：

1）屏幕点亮：可以断定最小系统中的组件正常，可以作进一步判断。

2）仍然黑屏：说明最小系统中的组件或者显示器有问题，可按下面的方法处理：

① 测试显示器：使用替换法，换一台显示器验证显示器是否有问题；

② 测试主机电源：使用替换法，换一个主机电源验证主机电源是否有问题。

如果显示器或者主机电源有问题，则更换后再次开机测试。

如果显示器与主机电源均没有问题，则故障缩小到了主板、CPU、内存及显卡这四个主要组件上。此时可以应用替换法分别进行测试，但是，还可以利用BIOS自检的报警声音再次作大致的判断，具体如下：

3）有报警声：说明主板及CPU基本正常，同时，还可以根据声音作大致判断：

① 不断的"嘟"声：可初步判断内存有问题，首先应用替换法对内存进行验证。

② 其他声音：应用替换法对内存及显卡分别进行测试；根据测试的情况，更换相应的硬件，重新开机，回到第3步再次作进一步的检查。

4）无报警声：可以将问题集中在主板、CPU、内存及显卡上，进入第4步。

4．应用替换法

先使用清洁法除去上述四大组件上的灰尘及污垢，若故障依旧，则按下述方法操作：

1）用替换法测试内存。将内存插入其他计算机进行验证。

2）用替换法测试显卡。将显卡插入其他计算机进行验证。

如果在内存及显卡的测试中发现了问题，则更换后重新回到步骤3做进一步的检查。

如果确认内存及显卡正常，则故障源可以集中在主板与CPU上了，继续下面的操作。

3）用替换法测试CPU。一般情况下，为了安全，将CPU移至别的主板上进行测试，但是一定要注意该主板与此CPU相匹配，否则对CPU的判断将存在较大误差。如果CPU有问题，则更换后回到步骤3还要作进一步的测试。如果CPU没有问题，则问题可能在主板上，只能进入第5步了。

5．诊断主板

尽管故障确诊在主板上，但是不急于更换，因为还可以通过下面的操作来挽救：

1）观察法。取下主板，仔细查看主板的电子元器件及线路板。

2）清洁法。用酒精再次仔细清除主板上的污垢。

3）替换法。用替换法诊断主板上的BIOS芯片。

尽管上述方法初看作用不大，可是在实际的维修中，仍使一定比率的主板恢复了正常工作。通过以上办法如果仍然不能挽救主板，则在更换主板前先送特约维修店或者请专业维修人员作进一步检查。

✐ 习题

1．判断题

1）当计算机存在致命性故障时，开机后肯定产生黑屏现象。　　　　　　（　　）

2）出现黑屏现象并伴随报警声音，肯定是内存故障。　　　　　　　　　（　　）

3）BIOS中检测不到硬盘时，可以断定硬盘存在物理性损坏。　　　　　（　　）

2．故障分析

1）计算机开机后无法进入Windows，屏幕提示"Reboot and Select proper Boot device or Insert Boot Media in select Boot device and press a key"，请分析是什么原因？

2）开机后，显示器无图像，但计算机有读硬盘的声音。

3）按下电源开关，硬盘灯闪烁一下即熄灭，而显示器为黑屏（显示器以及连接线正常），风扇运行正常。

参 考 文 献

[1] 张兴明. 计算机组装与维修[M]. 北京：机械工业出版社，2008.

[2] 吴民. 计算机组装与维修[M]. 北京：电子工业出版社，2014.

[3] 吴小惠，等. 计算机组装与维修[M]. 北京：清华大学出版社，2015.

[4] 陈广生. 计算机组装与维修[M]. 北京：电子工业出版社，2013.

[5] 胡铮. 计算机组装与维修[M]. 北京：科学出版社，2011.

[6] 熊巧玲，等. 电脑组装与维修技能实训[M]. 4版. 北京：科学出版社，2014.